给孩子看的趣味物理

物质 物态 力

叁川上◎编著 介于◎绘

江苏凤凰科学技术出版社 · 南京

图书在版编目（CIP）数据

给孩子看的趣味物理 / 叁川上编著；介于绘. —
南京：江苏凤凰科学技术出版社, 2023.4
ISBN 978-7-5713-3401-7

Ⅰ. ①给… Ⅱ. ①叁…②介… Ⅲ. ①物理—少儿读
物 Ⅳ. ①O4-49

中国国家版本馆CIP数据核字(2023)第004711号

给孩子看的趣味物理

编　　著	叁川上
绘　　者	介　于
责任编辑	倪　敏
责任校对	仲　敏
责任监制	方　晨
出版发行	江苏凤凰科学技术出版社
出版社地址	南京市湖南路 1 号 A 楼，邮编：210009
出版社网址	http://www.pspress.cn
印　　刷	天津丰富彩艺印刷有限公司
开　　本	718 mm × 1 000 mm 1/16
印　　张	19.5
字　　数	468 000
版　　次	2023 年 4 月第 1 版
印　　次	2023 年 4 月第 1 次印刷
标准书号	ISBN 978-7-5713-3401-7
定　　价	108.00 元

前言

俗话说得好："不学物理，就不懂道理。"作为世界上最古老的学科之一，物理学揭示了宇宙万物运行的规律，与我们的生活息息相关。

然而，物态、机械、电磁……种种复杂的物理概念不仅孩子理解起来十分困难，就连大人也会头疼。升入初中之后，如何学好物理这门学科，是很多孩子面临的难题。

兴趣是学习的动力！成就感是学习的推力！如果在接触物理学科之前，为孩子埋下"物理非常有趣"的种子，就能提高孩子学习物理的兴趣，拓展孩子的视野，增加孩子的学习广度！物理这门学科，再也不是孩子的短板。

如何走进物理，让物理学习变得轻松有趣呢?

《给孩子看的趣味物理》全书共三册，分为物质及其属性、物态及其变化、力、机械运动、简单机械、光、声音、电、磁、热、能量与能源等 11 个版块，共 110 多个物理学知识点，将物理知识"一网打尽"。

本书帮助小读者构建起物理学的基础框架，让小读者轻松打开物理学殿堂的大门。书中通过生活中的实例引出物理概念和物理原理，让小读者对物理学有一个全方位的了解。本书难易程度适应小学生的理解能力，把复杂抽象的物理概念通过具体的、丰富有趣的图画展示出来，让小读者更容易理解和学会物理知识，从而增加对物理的学习兴趣。

本书的特点

专设呆萌小猫形象引导阅读，贯穿全书，趣味十足！

生动有趣的漫画小故事，简单易操作的物理小实验

关键词快速了解本节内容

记录阅读日期，培养孩子良好的阅读习惯

如何给物质分类

物质分类　　阅读日期　　年　月　日

名词解释，快速了解物理概念

物理名词对照表

B

标准大气压 /13

由于大气压强不是固定不变的，人们把 101 kPa 规定为标准大气压强。

等离子态 /41

气体电离后，形成的大量正离子和等量负电子组成的一种聚集态。

E

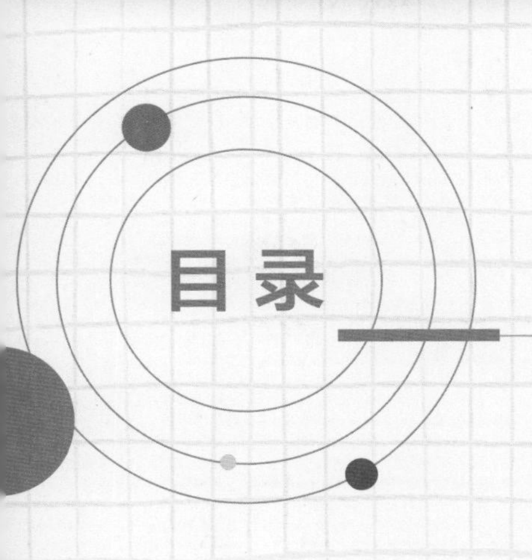

目录

第一章 物质及其属性

第二章 物态及其变化

第三章 力

磁性

弹性

第一章
物质及其属性

质量、体积、密度、颜色、形状、大小、硬度、弹性、塑性、导电性、导热性、磁性等，都是物质的属性。

颜色

形状

知道物质的属性可以方便我们了解物体哦！

1 打开物理世界的大门

走进物理

阅读日期　　年　月　日

灯泡为什么会发光？电是怎样产生的？

一位叫阿基米德的大科学家说："如果有合适的支点和足够长的杠臂，我就能撬起地球。"你相信吗？

另一位大科学家霍金说过，宇宙中存在一种叫"黑洞"的天体，它能把世界万物都吸进去，连光也逃脱不了。

你知道原子弹吗？小小的一颗破坏力却极强，它的可怕之处在哪儿？
我炸！
苹果为什么是掉向地面，而不是“飞”上天呢？
你猜哪块石头先落地？
哎呀，谁砸我？
想知道这些问题的答案吗？让我们打开书本，来一次和物理有关的旅行吧！

世界是由物质组成的

物质

阅读日期　　年　月　日

看到天上的云了吗？

看到远处的大山了吗？

看到河里的水了吗？

看到天空中飞翔的小鸟了吗？

看到地面的花草树木了吗？

……

这些景物都是由物质组成的！

其实世界万物都是由物质组成的！

物质与物体的关系

物体是由物质构成的，户外帐篷、树木、动物等看得见、摸得着、具体的东西，都是物体。

物质是指组成物体所需要的东西。水是小河形成所需要的物质之一。

一个物体可以由多种物质组成，如汽车的轮胎是由铝物质和橡胶物质组成、车架是由铁物质组成……

同种物质也可以组成不同的物体，铁可以制成火车、轮船、飞机等很大的物体，也可以制成户外灯的基座、户外帐篷的骨架等相对较小的物体。

原来物质是由它们构成的

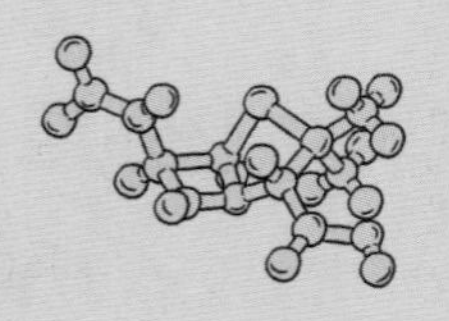

物质的构成

阅读日期　　年　　月　　日

还记得我们前面提到的，水也是一种物质吗？以水为例，一起来看看它的内部构造吧！通过原子力显微镜，可以看到水的内部有很多“小颗粒”。这些“小颗粒”我们称为分子。

分子与原子

由此可以知道，物体由物质构成，物质由分子构成。问题来了，你知道分子由什么构成吗？其实，分子由原子构成，像 1 个水分子，就由 2 个氢原子和 1 个氧原子构成。

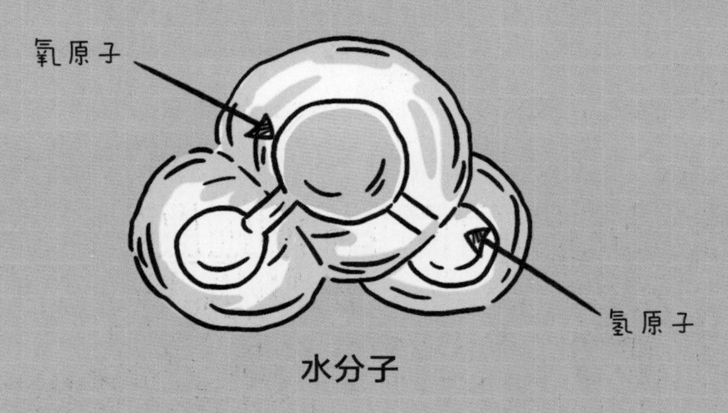

水分子

分子的运动

一杯水静静地放在桌子上，你以为它是静止的？其实，构成水的物质——分子一直在运动，而且这种运动是不规则的。我们之所以能闻到花的香味，正是分子运动的结果。

此外，碘酒在水中扩散、湿衣服中的水在晾晒下挥发、糖块在水中溶解等现象都是分子运动的结果。

如何给物质分类

物质分类

阅读日期　　年　　月　　日

原来是分类！分类能让我们快速找到想要的物品。

为了方便研究每一种物质并且能够快速找到它们，科学家把物质分为纯净物和混合物，单质和化合物，有机物和无机物，金属和非金属，固体、液体和气体，晶体和非晶体，导体和绝缘体，弹性材料和塑性材料等。

牛奶是液体

奶酪是固体

石英是晶体

松香是非晶体

橡胶做的轮胎是绝缘体

金属电线是导体

矿泉水是纯净物吗

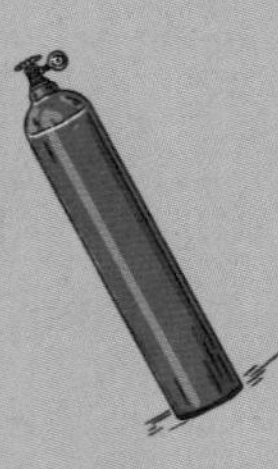

纯净物和混合物

阅读日期　　　　年　　月　　日

矿泉水

有两瓶水，一瓶矿泉水和一瓶泥水。你知道哪个是纯净物，哪个是混合物吗？

正确答案：都是混合物。

是不是有的小朋友把混合物理解为混浊的、不干净的物体？其实，判断一种物质是纯净物还是混合物，不能单看其表面干净或混浊，而要看本质。

还记得前面我们讲的物质是由看不见的分子、原子构成的吧！

矿泉水里因为含有许多我们看不见的矿物质（如碘、锂、锶、锌、硒等），所以是混合物。

因此，我们可以知道混合物是指由多种物质混合而成的物质。

泥水

混合物在生活中随处可见。海水就是混合物，它含有大量的盐和多种元素，如钠、镁、硫、钙、钾等。蒸发海水，可得到海盐。海盐是海水咸的主要原因。

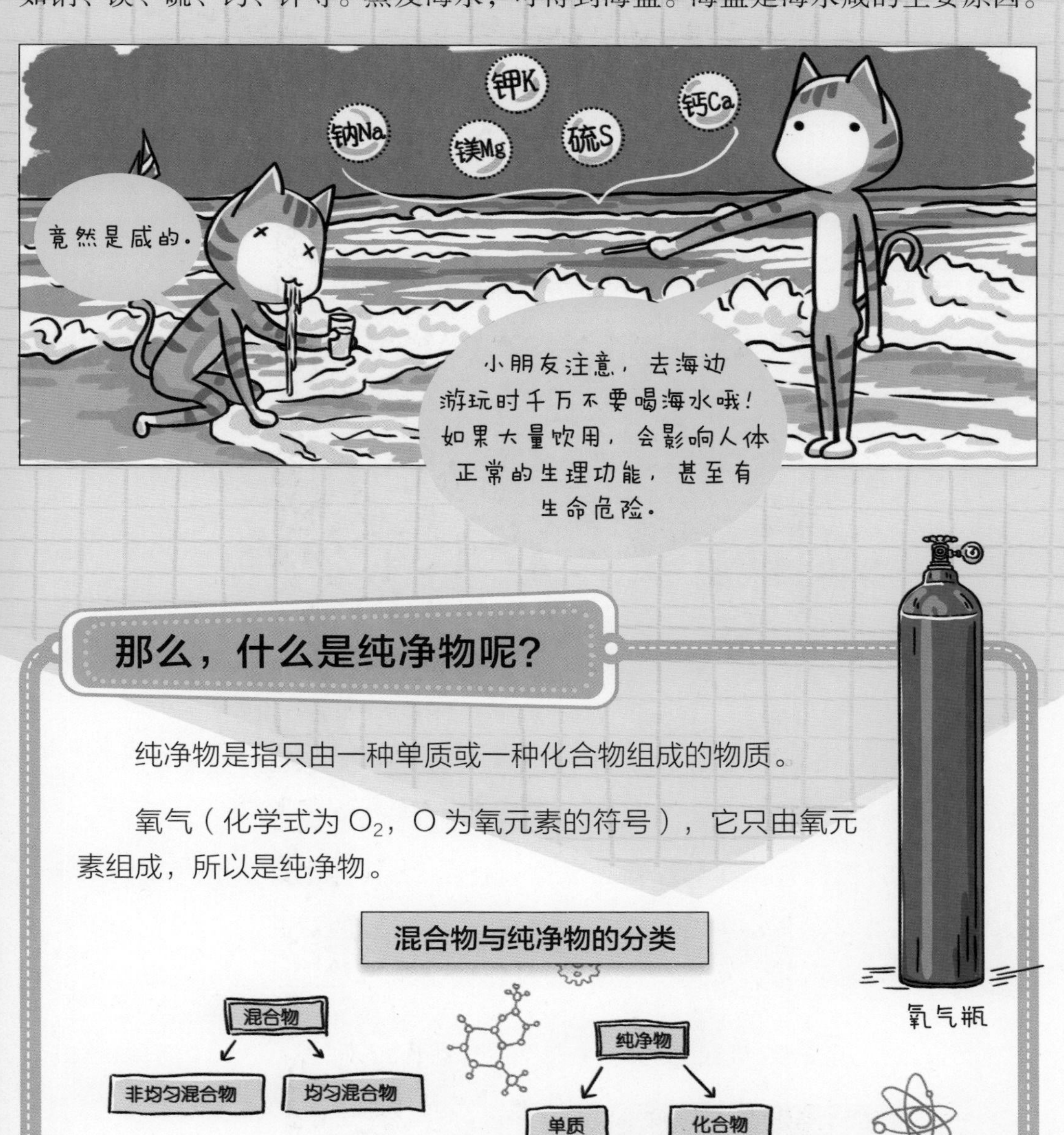

那么，什么是纯净物呢？

纯净物是指只由一种单质或一种化合物组成的物质。

氧气（化学式为 O_2，O 为氧元素的符号），它只由氧元素组成，所以是纯净物。

混合物与纯净物的分类

- 混合物
  - 非均匀混合物
  - 均匀混合物
- 纯净物
  - 单质
    - 金属单质
    - 非金属单质
  - 化合物
    - 无机化合物
    - 有机化合物
    - 氧化物、酸、碱、盐、……

晶体和非晶体是什么

晶体与非晶体

阅读日期　　年　月　日

什么是晶体?

我们经常食用的食盐、白糖、味精，它们有固定的熔化温度，因此这类固体叫作晶体。

金刚石也是一种晶体哦，它可以制成非常漂亮的钻石。

石英　　钻石

什么是非晶体?

我们把没有固定熔化温度的固体称为非晶体。

松香就是一种非晶体，它是用松树科植物的油脂制作的，外观呈淡黄色或棕色，一般肥皂含有松香。

沥青也是非晶体，它能够防水、防潮和防腐，人们用它来修建柏油马路。

松香

沥青

熔点和凝固点

熔点是指晶体从固态变成液态时的温度。和它相反，液体凝固变成晶体时的温度，叫作凝固点。

多数情况下，一种晶体的熔点就等于凝固点。例如，在一个标准大气压下铜的熔点和凝固点都是 1083.4 ℃，铁的熔点和凝固点都是 1535 ℃。

铁的熔点和凝固点

几种常见晶体的熔点

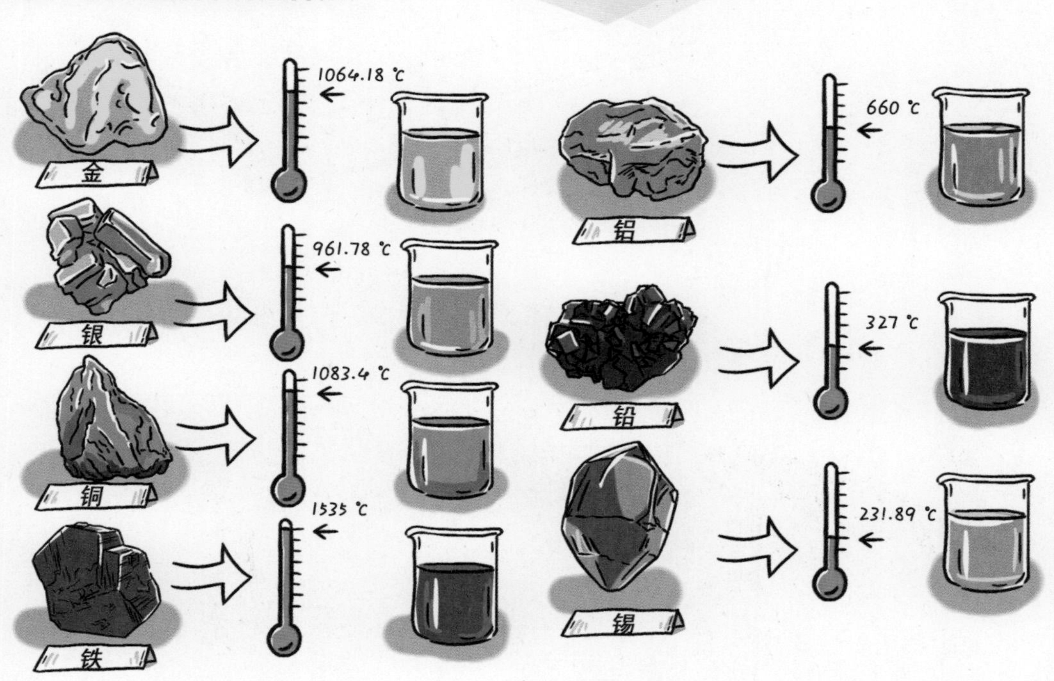

有电！注意安全

导体与绝缘体

阅读日期　　年　月　日

自然界中，绝大多数金属物体都是导体。自来水、大地等，都是导体。

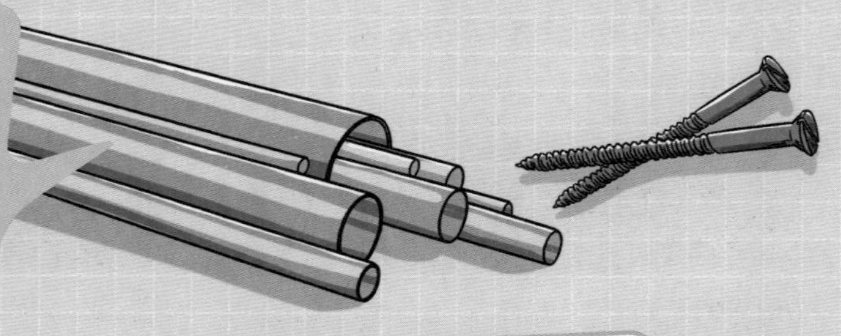

导体与绝缘体的应用

因为铜具有良好的导电性，所以我们常常把它作为传输电流的材料。又因橡胶不容易导电，所以我们把它覆盖在铜的表面。两种材料组合在一起，就得到了安全的电线。

类似的物品还有老虎钳（橡胶把手）、插头、螺丝刀等。

绝缘体

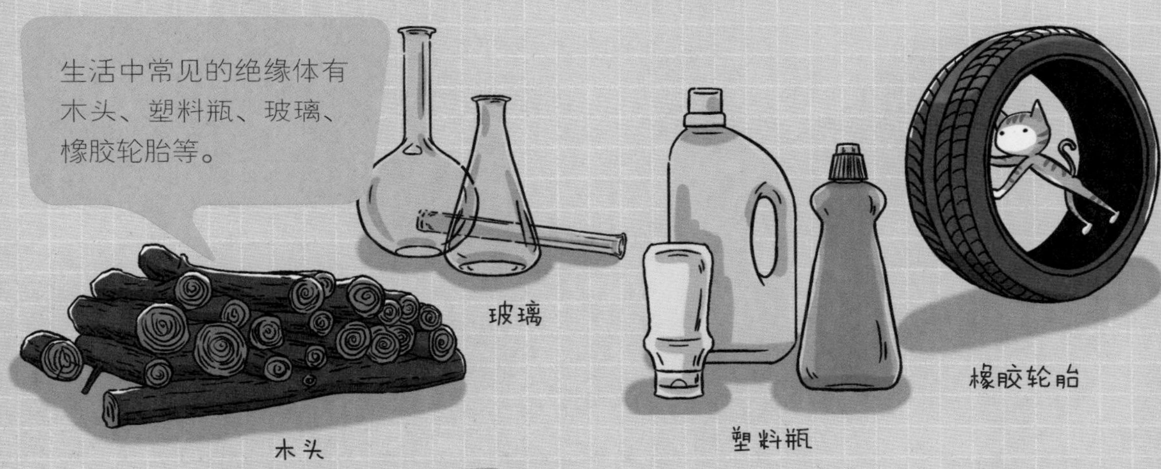

什么是超导体？

铜丝具有良好的导电性，因此常被制作成导线。不过，即使铜的导电性良好，电流在通过铜线时，仍然有损失。

超导体材料就是在特定温度下，能让所有电流都通过的导体材料。目前，超导体材料已被应用到军事、通信等很多地方。

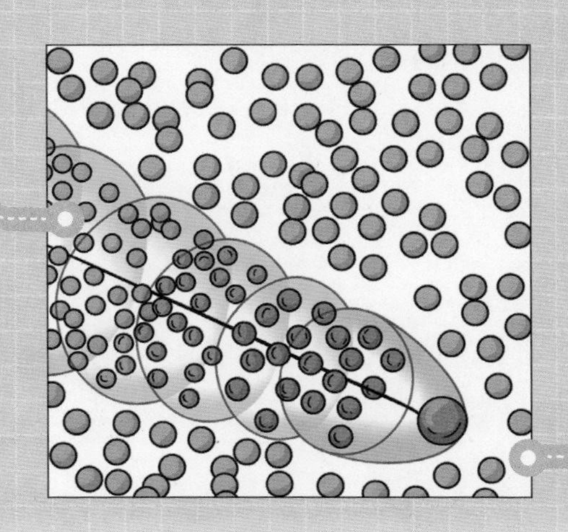

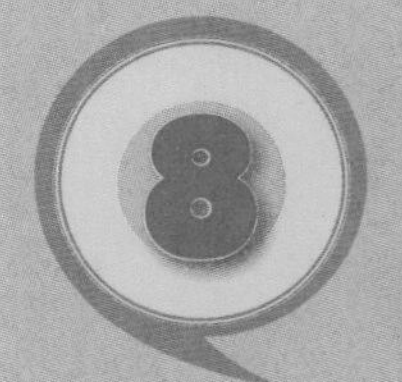

橡皮筋为什么能拉那么长

弹性与塑性

阅读日期　　年　月　日

弹性

有的物体弹性大，有的物体弹性小。下面这些物体的弹性都比较大：塑料直尺、橡皮筋、撑竿、弹簧、篮球、蹦蹦床、海绵。

塑性

脚踩煤球，煤球不是一下子裂开，而是慢慢变形，当实在支撑不住脚踩的力时才裂开。其中，我们把煤球抵抗脚踩的力，慢慢变形直到裂开的这种能力叫作塑性。

日常生活中，具有塑性的物体有很多，比如橡皮泥、塑料瓶、松香、玻璃、木块、石头、糖、纸、蜡烛等。

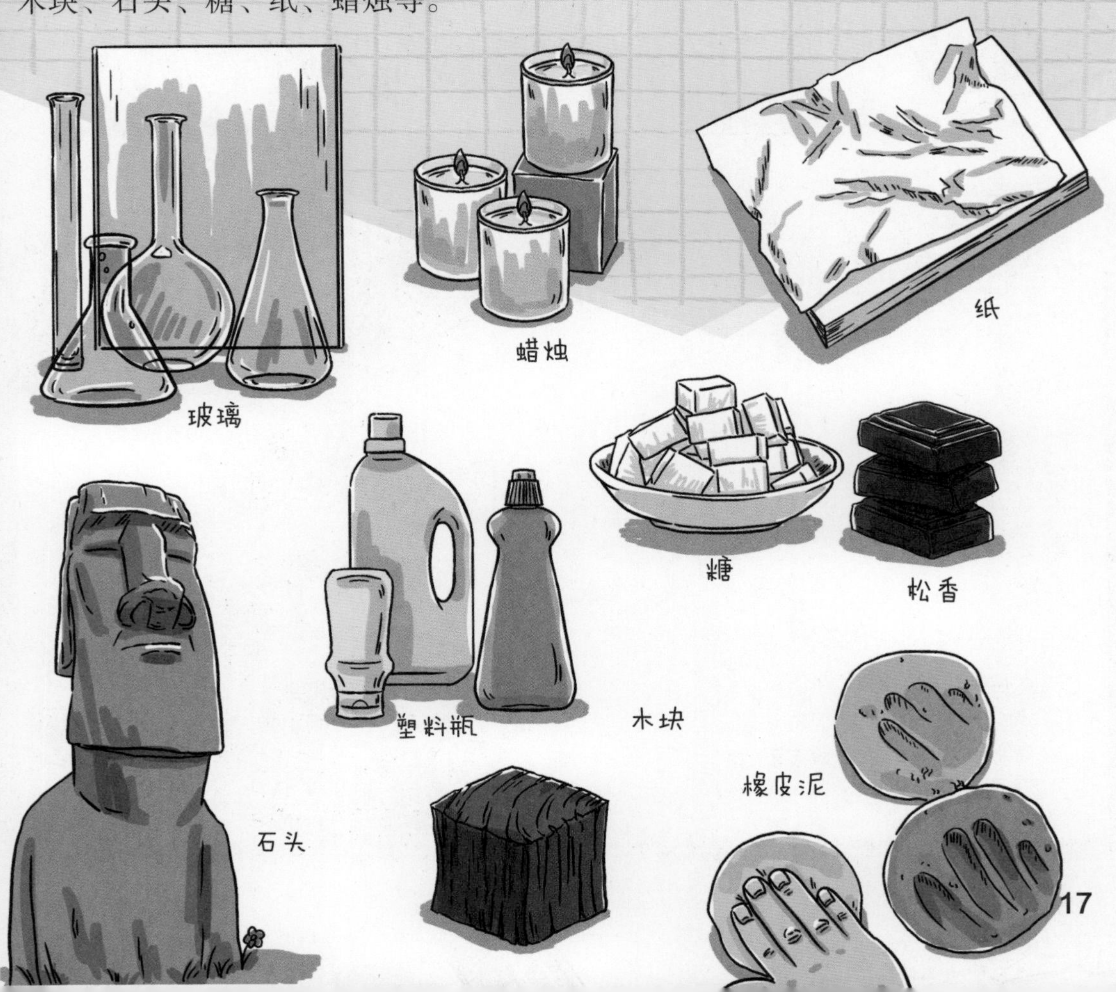

车轮都是圆形的吗

形状与硬度

阅读日期　　年　月　日

形状是什么？

形状是指物体或者图形的样子。我们身边有各种形状不同的物体，长方形的书、正方形的盒子、圆形的钟表、三角形的警示牌等。

为什么车轮要做成圆形的？

车轮做成圆形的原因主要有两个：省力和平稳。

圆的中心叫圆心，圆上的任何一点到圆心的距离都相等。当车轮在地面滚动时，车轴相当于圆心，它与地面的距离总是等于车轮半径，因此车辆才会平稳行驶。同时，圆形可以减少车轮与路面的摩擦阻力，这样车在行驶过程中会省力。

车轮是人类最古老、最重要的发明之一，对人们的生活和社会发展有重大意义。

硬度是什么?

一个物体抵抗另一个物体压入、刻画的能力，称为硬度。

橡皮泥被轻轻一捏，就会发生变形。但是如果想让一块石头变形，那就需要很大的力气了。这是为什么？因为石头的硬度比橡皮泥大得多。

“鸡蛋碰石头——不自量力！”不就是“硬度”的表现嘛！

世界上最硬的物质——石墨烯

2004 年，美国两名科学家研究发现，一种可以由铅笔笔芯(笔芯的主要成分是石墨)制成的、名叫石墨烯的二维碳材料，其晶体竟然比钻石还坚硬，强度能达到世界上最好的钢铁的 100 倍以上。

石墨烯

石墨烯既能被制成超坚韧的防弹衣，还能用作超轻型飞机的材料。就连科学家一直憧憬的太空电梯都因为它的出现而能够在未来实现哦！

10 认识温度计

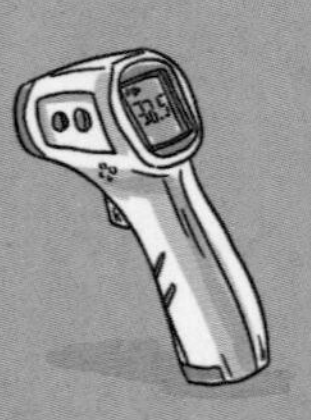

温度与温标

阅读日期　　　　年　　月　　日

温度

小朋友，你知道今天多少度吗？这里所说的“度”指的就是温度。温度是反映物体冷热程度的物理量，热的物体温度高，冷的物体温度低。

人们有时仅凭感觉判断物体或环境的冷热，这种感觉并不可靠。例如：发热时，有些患者会感觉很冷，可是触摸他的人却感觉他的身体很热。所以要准确判断温度的高低，就要用测量温度的工具——温度计。

常用的温度计，有些是根据液体热胀冷缩的原理制成的，里面的液体有的是水银，有的是酒精，有的是煤油。此外，还有一些电子温度计，它能快速测量出温度。

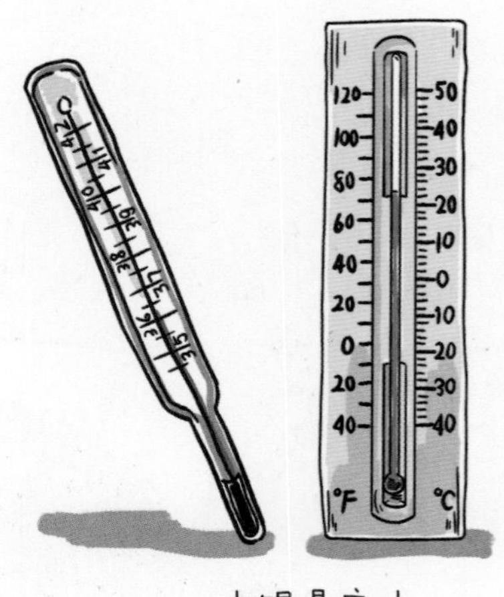

水银温度计

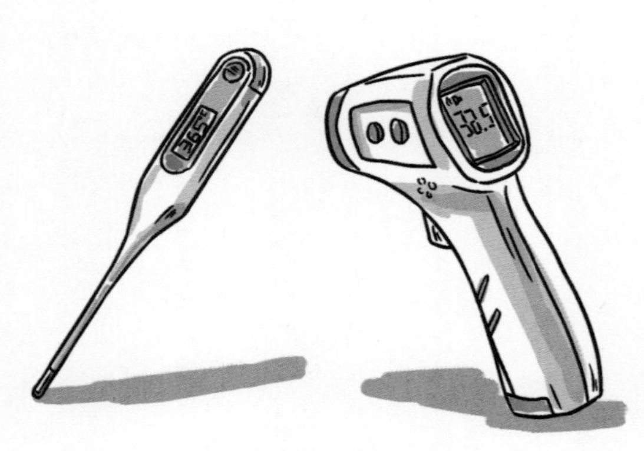

电子温度计

温标

温标是用来度量物体温度数值的标尺。

温标有多种不同的度量单位，如开氏温标、摄氏温标、华氏温标、列氏温标等。世界上多数国家使用摄氏温标，美国和少数其他英语国家使用华氏温标。

如图所示，这个温度计上面的符号“℃”表示的是摄氏温度，符号“°F”表示的是华氏温度。

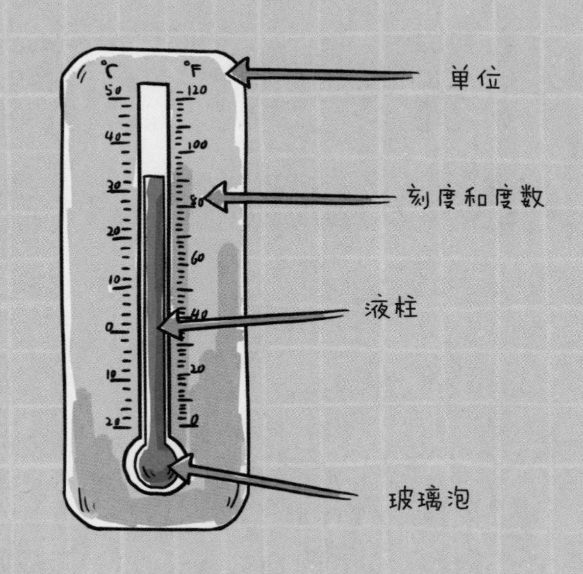

不同温标下的温度

温标	度数			
	绝对零度	1个标准大气压下水的冰点	人体正常体温	1个标准大气压下水的沸点
开式温标	0 K	273.15 K	309.95 K	373.124 K
摄氏温标	−273.15 ℃	0 ℃	36.80 ℃	99.97 ℃
华氏温标	−459.67 °F	32.00 °F	98.24 °F	211.95 °F
列氏温标	−218.52 °Re	0 °Re	29.44 °Re	79.98 °Re
兰金温标	0 °R	491.67 °R	557.91 °R	671.62 °R

什么是绝对零度?

绝对零度是热力学的最低温度，热力学温标的单位是 K（开氏温标），绝对零度就是 0 K（约为 –273.15 ℃或 –459.67 °F）。地球上没有比这更低的温度了。

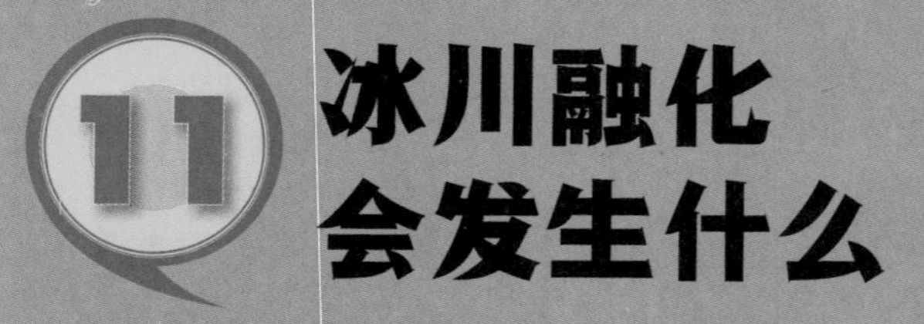

11 冰川融化会发生什么

温度的影响

阅读日期　　年　月　日

对环境的影响

由于人类无节制地燃烧化石燃料，并向大气层中排放温室气体，导致一些极寒地区（如南极、北极）的温度持续上升，冰川大量融化。如果南、北两极的冰川全部融化，海平面会上升几十米，一些岛屿国家将被淹没。

对动物的影响

鸟类和哺乳类动物离开适宜的温度环境，其繁殖强度就会下降，甚至停止繁殖。此外，某些动物冬眠也是对温度变化的一种自我保护措施。

对物理性质的影响

从下表中可知，温度越低，声音在空气中的传播速度越慢。

温度/℃	音速/（米·秒$^{-1}$）	空气密度/（千克·米$^{-3}$）	声阻抗/（帕·秒·米$^{-3}$）
−10	324.9	1.341	436.5
−5	328.0	1.316	432.4
0	331.0	1.293	428.3
5	334.0	1.269	424.5
10	337.0	1.247	420.7
15	340.0	1.225	417.0
20	342.9	1.204	413.5
25	345.8	1.184	410.0
30	348.7	1.164	406.6

对农作物的影响

不同的农作物对温度的需求也不相同。水稻是一种喜温、喜湿的农作物。热带地区全年高温，水稻一年能收获三次；亚热带地区冬季气温较低，种植水稻一年可以收获两次；温带地区，一年只能收获一次；寒带地区，水稻发芽都变得困难。

密度是什么

密度

阅读日期　　年　月　日

车站的人很多，我们就说车站的人口密度大。但密度是什么？

体积一样大小的木块、塑料块和铁块，它们的质量为什么不一样？

质量相同的铁球和棉花，为什么棉花的体积很大？原来是因为它们的密度不一样。

在物理学中，某种物质构成的物体，其质量与体积的比值叫作这种物质的密度。

气球在不同温度下的大小

温度能够改变物质的密度。一般来说，同种物质温度越高，密度越小。

但是水比较特殊，它结冰后，密度反而变小了。

在一个标准大气压下，水的密度是 1 克 / 厘米 ^{3}，冰的密度大约是 0.92 克 / 厘米 ^{3}。

古时候，虽然人们不懂得密度的相关知识，但常常运用它来从事农业生产。例如选种子时，将粮食种子倒在一口装有水的大缸里，饱满健壮的种子因为比水的密度大而下沉；干瘪的种子因为比水的密度小，会浮在水面上。这样，农民伯伯就知道该把哪些种子种在田地里了。

类似的例子还有淘米，坏米粒因为密度比水小，所以浮在水面。

小实验：哪个瓶子装得最满？

准备材料：
3 个大小一样的瓶子、小石头、沙子、水。

1. 在第一个瓶子里装满石头，观察瓶子里的空隙。
2. 在第二个瓶子里装满沙子，观察瓶子里的空隙。
3. 在第三个瓶子里装满水，观察瓶子里的空隙。

结论：比起沙子、石头，水更容易装满瓶子。

小实验：分离沙子和豆子

准备材料：

1 小袋豆子、1 瓶沙子。

将一瓶沙子与一袋豆子混合在一起，怎样快速分离出豆子？

方法一：将沙子与豆子的混合物放在一个大簸箕里，来回摇晃或者颠几下簸箕，就可分离出豆子。

方法二：将沙子与豆子的混合物倒进漏勺里，细小的沙子会从漏勺的小孔漏下，如此便可分离出豆子。

密度的单位是千克 / 米^3（kg/m^3），实际应用中还有克 / 厘米^3（g/cm^3）等。

人体的密度是 1.02 克 / 厘米^3，只比水的密度 1 克 / 厘米^3 多一点。汽油的密度比水小，所以会看到油渍浮在水面上。海水的密度大于淡水，所以人在海水中较容易浮起来。

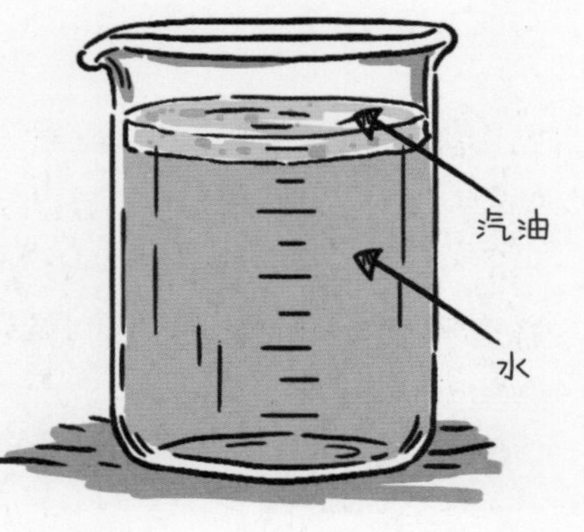

质量错了吗

质量

阅读日期　　年　月　日

什么是质量？

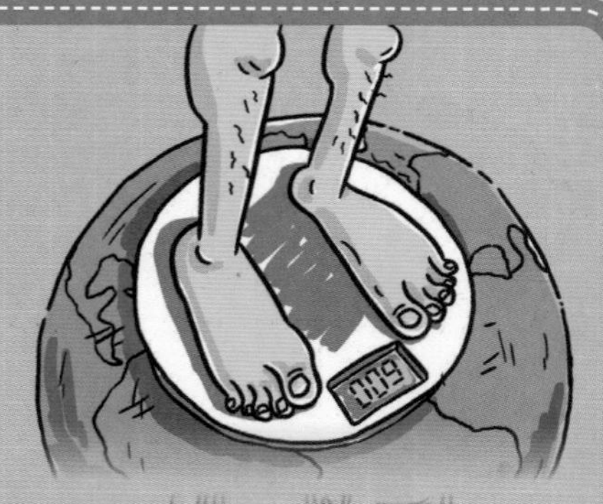

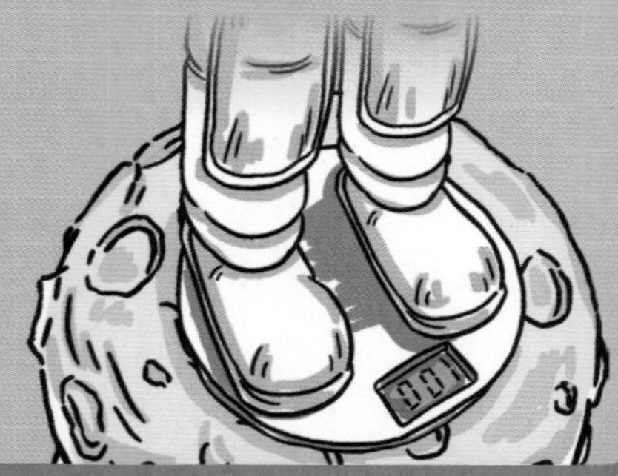

物体内所含物质的多少，称为物体的质量。

日常生活中，我们习惯把质量当成重量，这是不对的。因为重量是物体受到引力的影响而产生的，它会随所处星球的变化而改变，而质量却不会。

举一个例子：一位宇航员在地球上有 600 牛（牛是重力单位），那么他到月球上就只有 100 牛（因为月球的引力只有地球的 1/6）。但是构成宇航员的各种物质并没有改变，也就是质量没有变。

再比如，这头大象在地球上有60 000牛（1千克≈9.8牛）重。然而到了太空，它却能和秤一起飘起来，此时大象的重力为0。但是构成大象的各种物质并没有改变，也就是大象质量没有变。

把橡皮泥捏成小船的形状，其质量没有变。

冰块融化为水，其质量也没有变。

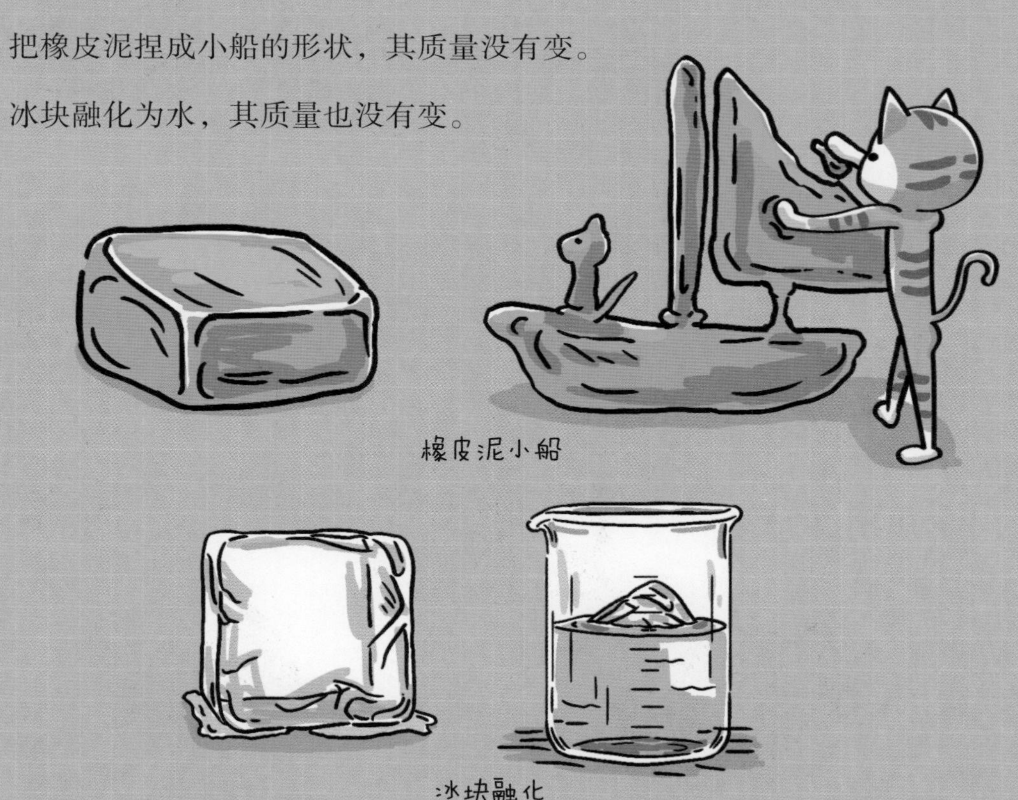

橡皮泥小船

冰块融化

由此可见，物体的质量与其形状、状态和所处空间位置的变化无关。

在国际单位制中，质量的单位是千克，用符号 kg 表示，实际应用中还有吨（t）、克（g）、毫克（mg）、微克（μg）等。

1 吨 =1 000 千克，1 千克 =1 000 克，1 克 =1 000 毫克，1 毫克 =1 000 微克。

日常生活中，我们有时候会用到“斤”表示物体的质量，那你知道斤和千克之间的换算关系吗？

2 斤 =1 千克。

物体不同，采用的质量单位也不同。衡量一头大象的质量，我们通常用吨来计算；衡量一个西瓜，我们通常用千克来计算；衡量一枚金戒指，通常用克来计算。

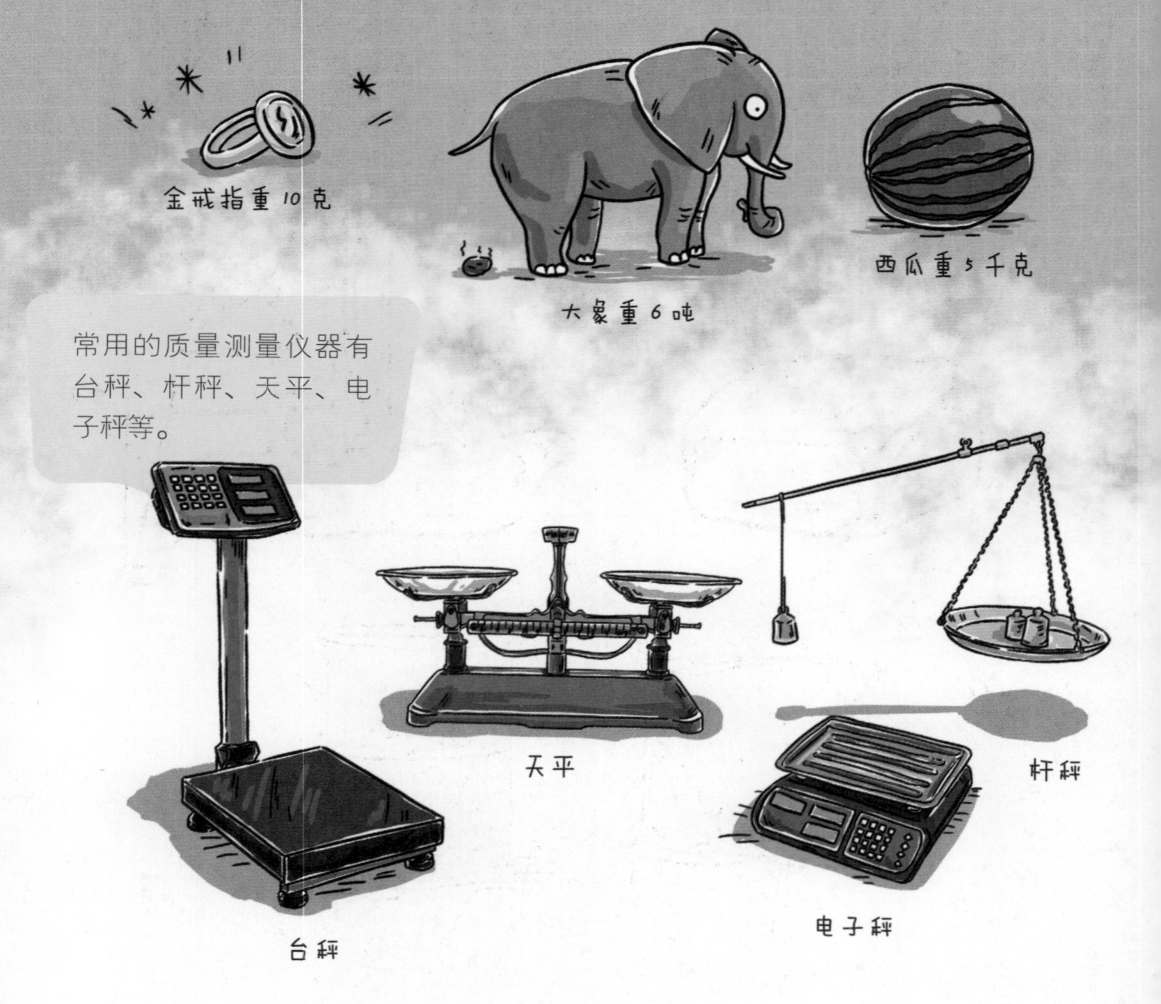

托盘天平是学校实验室常用的质量测量仪器，让我们一起来看一看它的结构和各部件的名称吧。

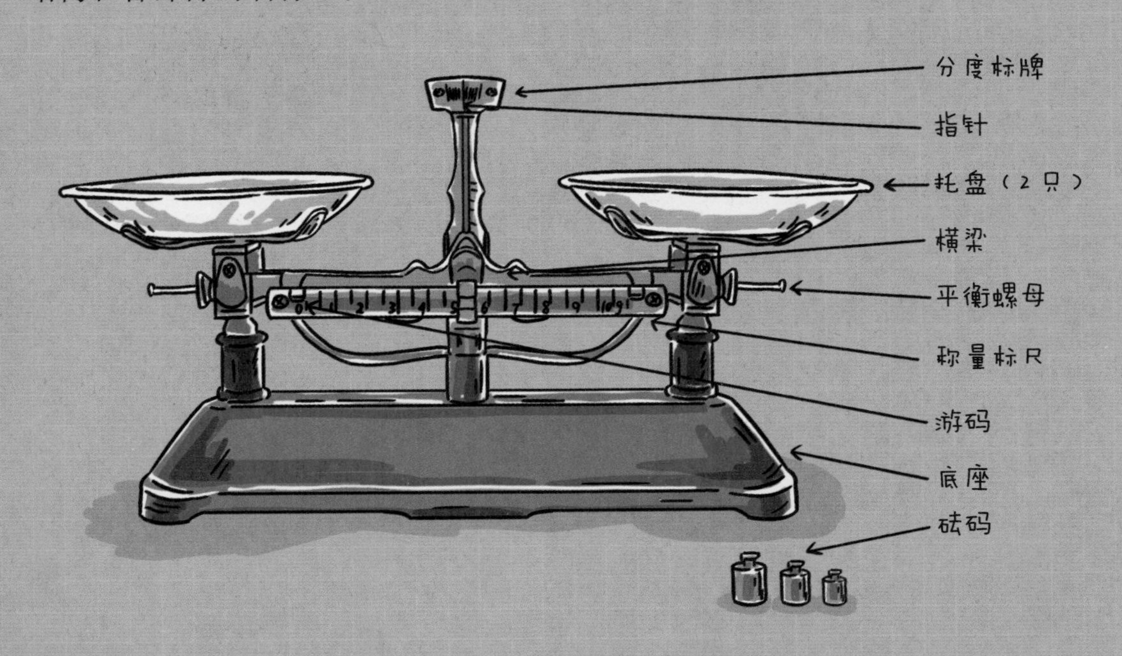

此外，还有一种常见的质量测量仪器叫地中衡，我们习惯称它为地秤或地磅。地秤主要用于测量大型物体的质量，如货车。

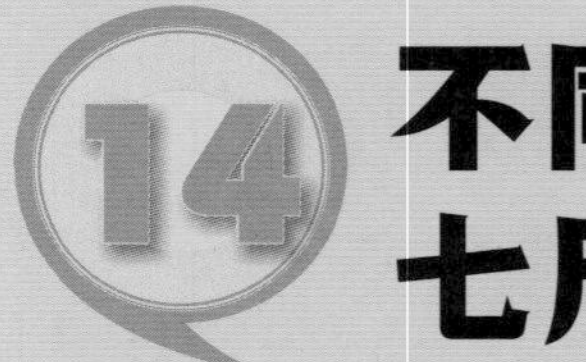

不同朝代的七尺身高

长度单位　　阅读日期　　年　月　日

传统长度单位

你一定听说过“堂堂七尺男儿”这句话吧？那么你知道七尺有多长吗？尺是我国的传统长度单位。除尺之外，传统长度单位还有里、丈、寸等。不同朝代，尺的长短不一样，唐代的1尺大约相当于现在的30厘米；汉代的1尺大约相当于现在的22厘米。也就是说，唐代的七尺男儿有2.1米高。

1里=500米；1丈=10尺≈3.33米；1尺=10寸；1寸≈3.33厘米。

不同朝代的七尺身高

国际长度单位

在国际单位制中，长度的单位是米（m）。在实际应用中，还有千米（km）、分米（dm）、厘米（cm）、毫米（mm）、微米（μm）、纳米（nm）等。

1 千米 =1 000 米，1 米 =10 分米，1 分米 =10 厘米，1 厘米 =10 毫米。

学以致用

下列物体所用的长度单位对吗？如果对，请在后面打√；如果不对，请在后面写出正确的答案。

1. 爸爸高 180 米。（　）
2. 房间高 3 厘米。（　）
3. 大树高 12 米。（　）
4. 黑板长 3 分米。（　）
5. 橡皮擦厚 1 厘米。（　）
6. 电视机宽 12 米。（　）

答案：1. 爸爸高 180 厘米。2. 房间高 3 米。3. √。4. 黑板长 3 米。5. √。6. 电视机宽 12 分米。

体积和空间的关系是什么

体积

阅读日期 年 月 日

当物体占据的空间是三维空间时，所占空间的大小就叫作该物体的体积。

什么是一维、二维、三维空间?

一维空间是指由一条线内的点所组成的空间。它只有长度，没有宽度和高度，只能向两边无限延伸。

线——一维空间

二维空间就是通常所说的平面。一张纸可以看作是二维空间。二维空间有面积，但没有体积。

平面——二维空间

日常生活中，我们常常说一个物体有立体感，“立体”便是三维空间。三维空间是由一维空间和二维空间组成的。

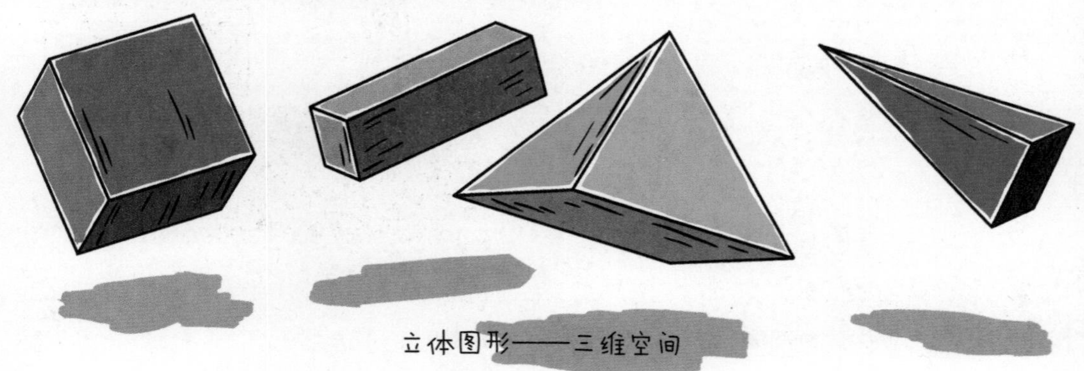

立体图形——三维空间

国际体积单位

在国际单位制中，体积的基本单位是立方米，用符号 m^3 表示，实际应用中还有立方分米（dm^3）、立方厘米（cm^3）、升（L）、毫升（mL）等。

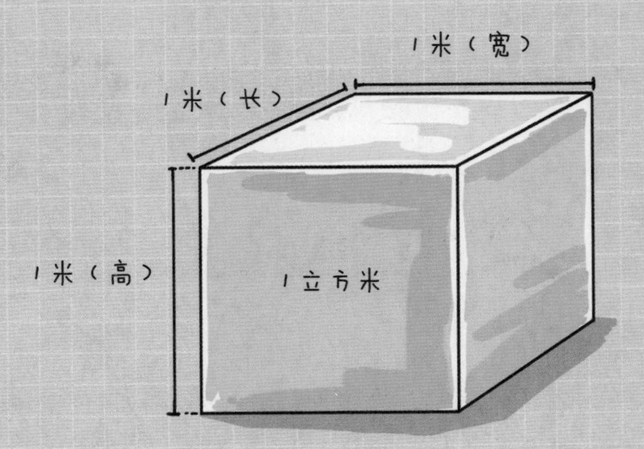

1 立方米 =1 000 立方分米。

1 立方分米 =1 000 立方厘米。

1 立方厘米 =1 000 立方毫米。

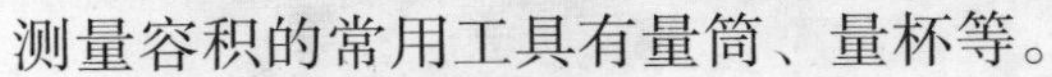

测量容积的常用工具有量筒、量杯等。

一个物体可以容纳物质的空间体积叫作容积。容积通常用升（L）或毫升（mL）表示。1 升 =1 000 毫升，1 升 =1 立方分米。

神奇的新材料

新型材料

阅读日期　　年　月　日

记忆合金

有一类合金材料，虽然在外力作用下容易变形，但是当温度上升到特定点时，它又可以魔术般地变回到原来的形状，人们把有这类特性的合金材料叫作“记忆合金”。

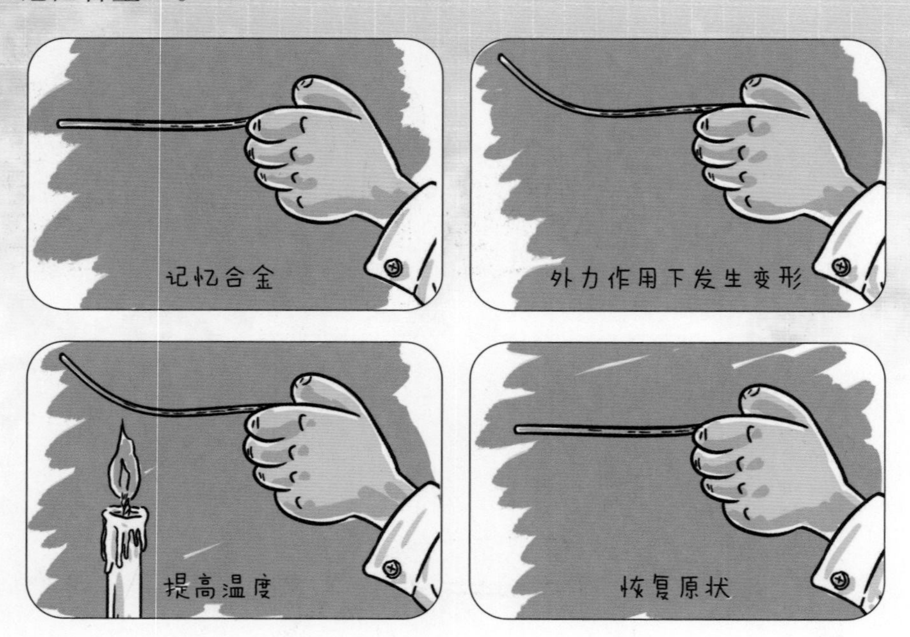

生活中，一些水龙头加入了由记忆合金材料制作的记忆阀，可以防止人被热水烫伤。当水龙头里的水温度太高时，形状记忆合金会驱动阀门自动关闭，直到水温降到安全温度才重新打开。

新型电池

普通干电池不能充电，不耐高温、潮湿，丢弃后对环境污染很大。而现在我们使用的新型电池，如手机里的锂离子电池，具有体积小、质量轻、能够多次充电、对环境污染小等特点。而更加高级的太阳能电池则能够直接把太阳能转换成电能。

普通干电池

锂电池

太阳能电池

高分子材料

在分子的世界里，有一类“大个子”，它们是由许多重复结构组成的，像一根很长很长的链条，科学家把这类分子叫“高分子”，由高分子组成的材料就叫“高分子材料”。高分子材料在生活中处处和我们做伴，如塑料、橡胶、纤维（一些衣服含有）、涂料、一些黏合剂等。

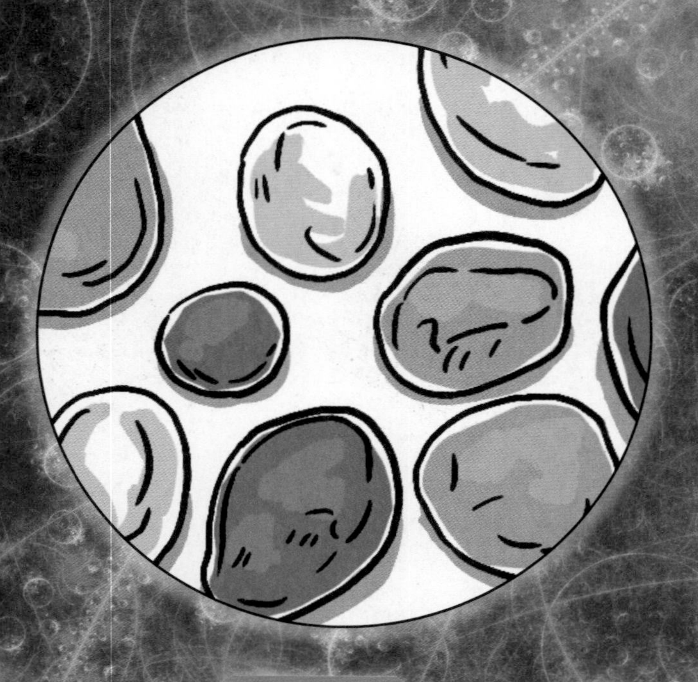

石头（固体）

空气（气体）

水（液体）

第二章

物态及其变化

物态即物质的状态，指物质呈现出的样子。

物质的状态其实是分子运动的结果，固体中的分子几乎不运动，液体中的分子运动得快一些，气体中的分子运动得更快。

什么是物质的状态

物态　　阅读日期　　年　月　日

常见的物质三态

物质有三种常见的形态，固态、液态和气态。生活中常见的木头、石头等物质所处的状态就是固态；水、牛奶等物质所处的状态叫液态；而空气、氧气等所处的状态则是气态。

那些神奇的物态

除了常见的物态，物质还有第四态——等离子态。不停地为气体加热，气体的分子（原子）就会失去电子成为带正电的离子，而失去的电子成为自由电子，这种电离的气体状态称为等离子态。

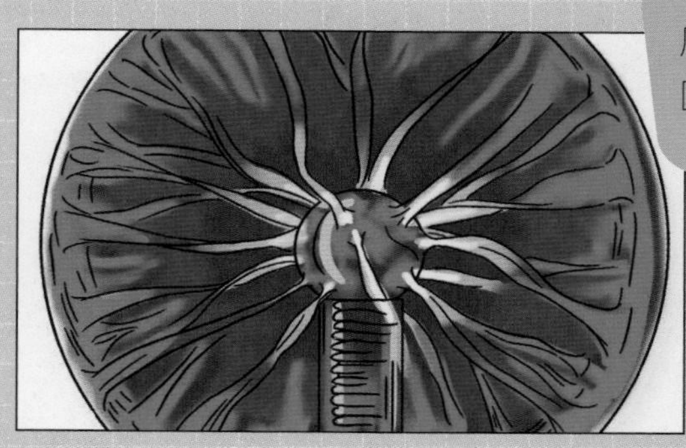

等离子态

物质的第五态——超固态。这是极度高压情况下产生的物质状态。这时候因为压力的破坏，电子被挤出了原子，原子排列得密密麻麻的，物质密度特别大，就形成了超固态。白矮星就是由超固态物质组成的。

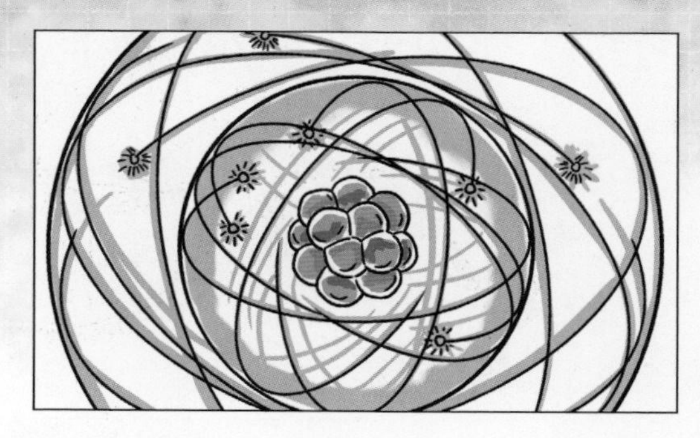

超固态

在接近绝对零度的低温时，物质的原子都进入同一最低能量的量子态中，这时形成的特殊物质状态叫作玻色-爱因斯坦凝聚态。它可以作为黑洞的模型，也可以用来“冻结”光。

玻色-爱因斯坦凝聚态

物态变化有哪些

物态变化

阅读日期　　年　月　日

熔化和凝固

你一定见过水结冰、冰化成水的现象吧，这些现象就是物态变化。物质由一种状态变为另一种状态的过程，称为物态变化。熔化、凝固、汽化、液化、升华、凝华等都属于物态变化。如图所示，铁球开始是固态，把它加热到 1 535 ℃，就变成铁水（液态）。物质由固态变为液态的过程叫作熔化。

在我国北方的冬天，经常能看到屋檐上有冰柱。冰柱就是液态水凝固成固态水的结果。物质由液态变为固态的过程称为凝固。

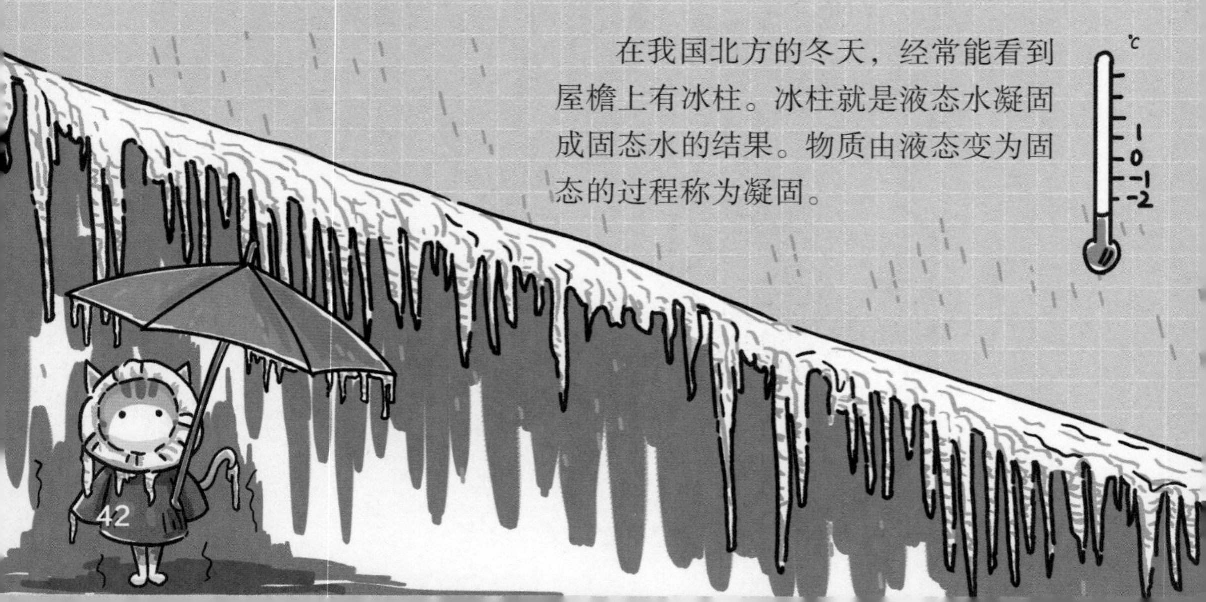

妈妈搭在晾衣架上的湿衣服为什么会变干呢？其实，这种现象与汽化有关。汽化就是物质由液态变为气态的过程。

值得一提的是，汽化有蒸发和沸腾两种形式。湿衣服变干属于蒸发形式，沸腾就是我们平时说的水开了！

做饭时，常能看到锅盖内侧聚集了很多小水珠（液态），这些小水珠是水蒸气（气态）遇冷液化形成的。物质由气态变为液态的过程称为液化。

常温下，一个乒乓球大小的樟脑丸用不了多长时间缩至樱桃般大小。这种物质由固态不经过液态而直接到达气态的过程，称为升华。

灯泡为什么越用越黑呢？

那是因为灯泡的灯丝由钨丝制成，而钨是一种黑色的固体。电灯打开，高温让一部分钨丝升华为气体；关灯后，温度降低，气体凝华为黑色的固体物质，覆盖在灯泡的内壁上。

冬天窗户上的冰花，是因为空气中的水蒸气遇冷凝华成小冰晶而形成的。

像这些，物质由气态直接变为固态的过程称为凝华。

变化莫测的天气

天气中的物态变化 阅读日期 年 月 日

云

云是由无数的小水滴和小冰晶聚集而成的，而小水滴和小冰晶则是因为空气中的水汽遇冷液化和凝华形成。水汽聚散的方式和规律不同，形成的云也各式各样。

雨

大量的小水滴和小冰晶聚在一起形成了云。这些小水滴和小冰晶随着气流在云中互相“碰撞”，会合并成大水滴、大冰晶。当它们大到气流托不住的时候，就从云中落下来，形成雨。

雪

冬天，地面温度都很低，高空中的温度会更低，因此云中的水汽会直接凝华成小冰晶，即雪花。当雪花增加到一定量时，气流托不住，它们就会成片落下来，这时就下雪啦。

用放大镜观察雪花，会发现它们的形状都是对称的六角形。

雾

雾和云一样，也是由悬浮在空中的小水滴组成的水汽凝结物。不同的是，雾产生于地面，而云是在天空中。因此，我们可以将雾看作“地面的云”。

露

露珠是空气中的水汽在地面或靠近地面的物体上遇冷液化成的小水珠。它们只在晴朗少云的清晨或夜晚才会出现，因此也称“朝露”或“夕露”。

霜

露是水汽在温度高于 0 ℃的环境中形成的，霜则是在温度低于 0 ℃的环境中形成的。

霜多形成于少云、无风的夜晚。它的出现，说明天气晴朗寒冷、大气稳定。因此有“霜重见晴天，霜打红日晒”的谚语。

生活中的物态变化有哪些

生活中的物态变化

阅读日期　　　　年　　月　　日

高压锅

高压锅可以轻松地将食物加热到 100 ℃以上，所以食物很容易被煮熟。你知道它的工作原理吗？

原来是与液体水变为气体水蒸气有关。高压锅工作时，与外界相通的放气孔被安全阀关闭，水汽化形成的水蒸气保留在锅内，使得水上方的气体压强增大。因此水的沸点高于 100 ℃，食物很容易被煮熟。

当锅内的压强过大时，阀门打开，放气孔放出水蒸气。温度高的水蒸气跑到温度低的空气中，释放热量，液化形成小水滴。这就是我们为什么会看到高压锅喷出“白汽”的原因啦。

人工降雨

下雨是一种自然天气，但是有时候为了解决生活所需，我们会人工降雨。

人工降雨一般是控制飞机到云团聚集的地方播撒制冷剂（干冰就是一种制冷剂）。或者在地面发射制冷剂、催化剂（盐）等，通过改变云团中雨滴的大小、分布，加速雨滴的形成，由此达到降雨的目的。一些特别干旱或者高温的地区，人工降雨对它们的帮助非常大。

干冰

干冰是固态的二氧化碳。在 6 000 多个标准大气压下，先把气态的二氧化碳液化成无色的液体，再把液体的二氧化碳凝固成固体就能得到干冰。

生活中有很多地方用到干冰，比如用干冰清洗各种油渍，冷冻海鲜，制作灭火器，等等。

电冰箱如何制冷

家里的电冰箱主要靠蒸发器、压缩机和冷凝器三部分制冷。电冰箱所用的制冷物质容易液化和汽化，而汽化能够吸热，液化能放热，这就是冰箱制冷的原因。

压缩机通过压缩气体体积的方法，将气态制冷物质压入冷凝器，使其在冰箱外部液化放热。被液化了的制冷物质通过节流阀进入蒸发器，在蒸发器里迅速汽化吸热，使电冰箱内的温度降低。蒸发器中汽化了的制冷物质又不断被压缩机抽出，重新被压入冷凝器中液化。通过这样的循环，电冰箱达到制冷的效果。

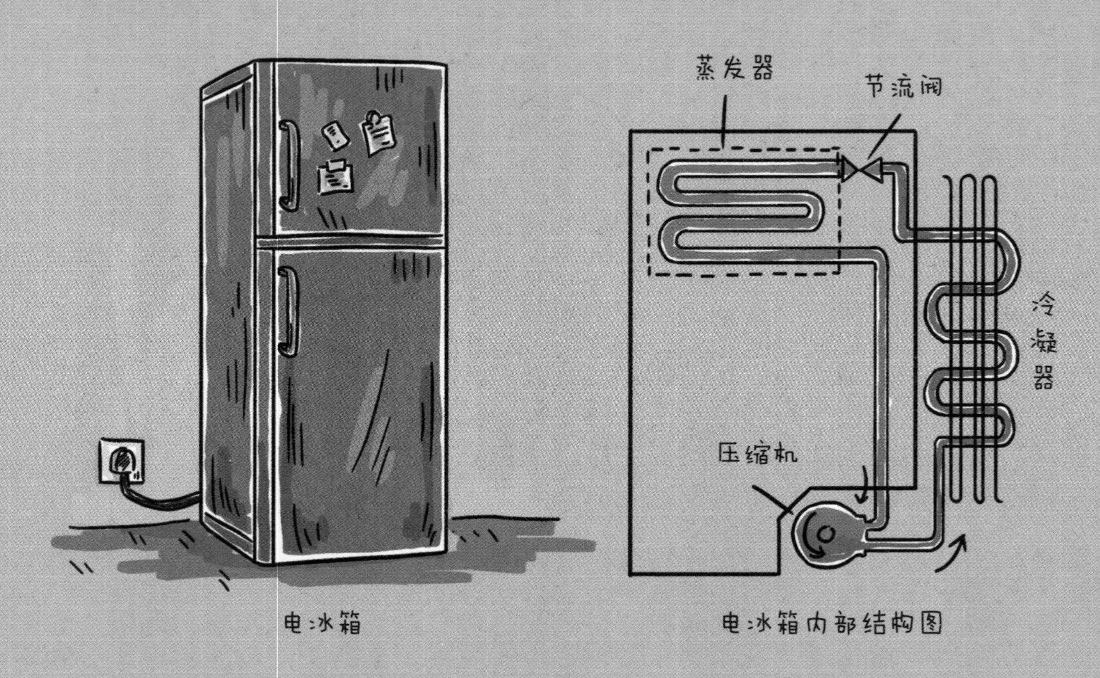

电冰箱　　电冰箱内部结构图

运载火箭的液态燃料

汽车、火车需要汽油、柴油等产生的推力才能行驶。那火箭的推进剂是什么呢？也是汽油吗？其实，火箭的推进剂是液体燃料。液体燃料释放的能量大，推力也大，而且非常节省空间。最常见的火箭液体燃料是液氢液氧（氧气作为助燃剂）。

氢气和氧气都是气体，体积非常大，科学家把氢气和氧气液化就能缩减燃料体积，让火箭飞得更远。

水在自然界中的物态变化

水的物态变化

阅读日期　　年　月　日

太阳光照在地球表面，地球表面的水吸热蒸发，由液态转化为气态，向高空上升，并在一定的高度形成云。云中的小水珠相互“碰撞”，合并成大水珠，达到降雨条件后便从云中落下来回到地面……水在自然界就是这样循环的。

在循环过程中，水除了可以形成雨，还能形成雪、霜、冰雹等。

水是地球上的植物、动物、微生物生存所必需的物质，也是人类进行生产活动的重要资源。

地球上的水分布在海洋、湖泊、沼泽、河流、冰川、雪山、土壤等地。总量约为 1.4×10^9 千米^3，其中 96.5% 在海洋中，约覆盖地球总面积的 70%。陆地、大气和生物体中的水只占很少的一部分。

小实验：水的三种状态的改变

准备材料：
一个玻璃杯、几个冰块、一盏酒精灯、一个石棉网。

1. 把冰块放入玻璃杯，将玻璃杯放在石棉网上，点燃酒精灯。（酒精灯很危险，小朋友要在大人的帮助下使用哦！）
2. 三分钟后，观察玻璃杯内冰块的形状。
3. 五分钟后，观察玻璃杯内水位的变化。

结论： 冰块受热融化为水，水沸腾后变为水蒸气往空中扩散。在这个实验中，水发生了由固态到液态、再由液态到气态的转变。

放入冰块

三分钟后

五分钟后

什么是物理变化

物理变化

阅读日期　　　　年　　月　　日

物质的状态虽然发生了变化，但物质本身的组成成分却没有改变，这样的变化叫作物理变化。

举一个例子：把一张纸揉成一团或撕成两半，虽然纸的形状或状态改变了，但构成纸的材料却没有变，这种变化就叫物理变化。

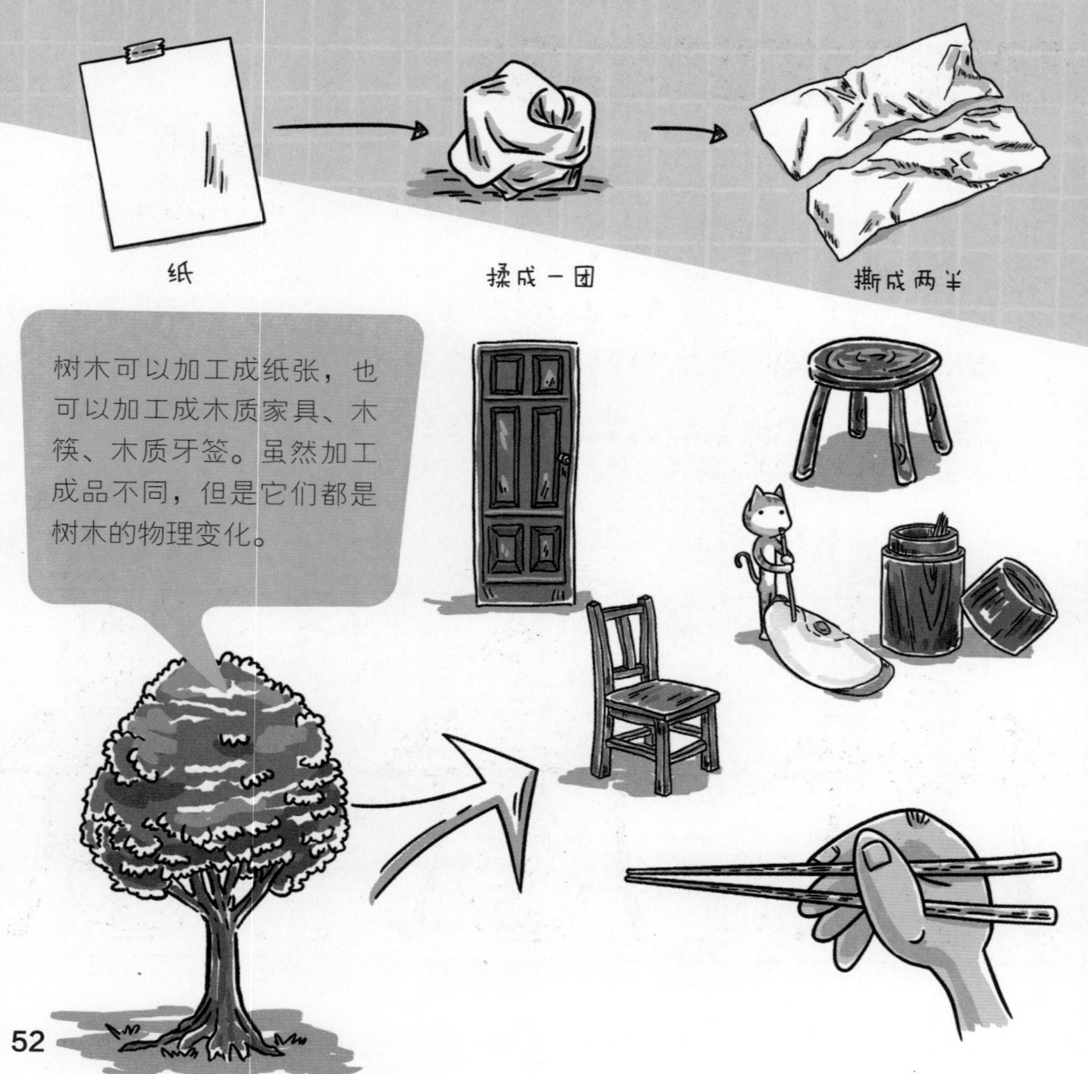

水是液体，如果把水冷却到 0 ℃以下，它就会变成固体；把水加热到 100 ℃以上，它就会变成气体。但不管水变成固体还是气体，它都属于物理变化，因为水的本质没有改变。

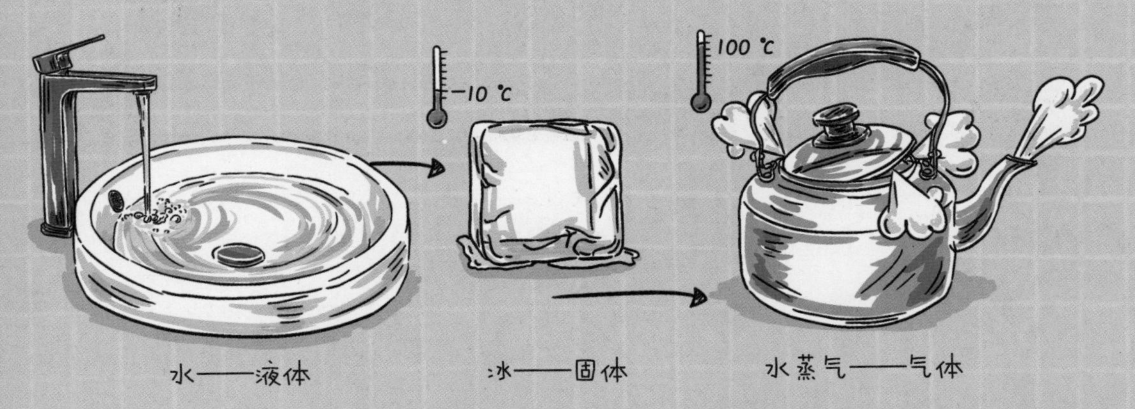

同理，氧气是气体，把氧气冷却到 -183 ℃以下它就会变成浅蓝色的液体，这是氧气的物理变化。不管是气态氧还是液态氧，它都是氧。

液态氧可用于医疗、火箭发射、潜水等方面。

什么是化学变化

化学变化

阅读日期　　　　年　　月　　日

化学变化是指两个互相接触的物体，分子或原子间发生电子转移后，生成新的分子，并伴有能量变化的过程。

前面我们讲到，不管把树木加工成什么样子，它都属于物理变化。如果把木头放在火里燃烧，会发生什么呢？图中，火让木头燃烧起来并产生了大量的烟，这就是木头发生化学变化的现象。

化学变化总会产生新的物质，烟里面就含有新生成的物质；化学变化还伴随能量的变化，燃烧木头我们感觉到热，热就是一种能量。

怎样判断物质是否发生了化学变化呢？

很简单！一种方法是观察它的颜色有没有改变。

原本青色的钢管，经过长时间氧化逐渐出现红棕色，这种现象称为“生锈”。钢管生锈是铁与空气中的氧气发生化学变化的结果。

此外，还可以观察是否发光、发热、产生气体等。但注意，这些方法都只是辅助判断，并不一定正确！

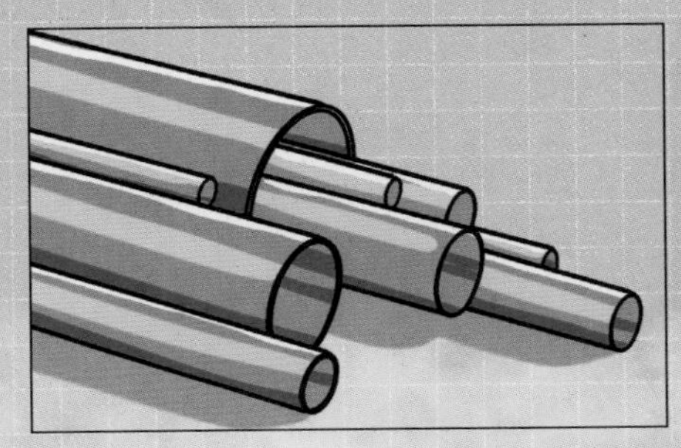

此外，食物变质、蜡烛燃烧、人吸进氧气呼出二氧化碳等，都有化学变化。

食物发生变质

蜡烛燃烧

因为在呼吸过程中，吸入的氧气与体内的物质反应，生成新物质——二氧化碳和水，所以呼吸过程含有化学变化。

呼二氧化碳.

重力

引力

摩擦力

升力

浮力

第三章
力

力是什么？答案是：能使物体改变运动状态或使物体发生形变的就是力。在物理这门学科中，学习力的知识可是学习整个物理的基础哦！

弹力

力的作用是相互的。

两个不接触的物体之间也可能产生力的作用，比如引力、磁力等。

艾萨克·牛顿，英国著名的物理学家。他在1687年发表的论文《自然定律》里，对万有引力和三大运动定律进行了描述。万有引力定律不仅是力学的基础，同时也是天体物理、现代航天技术发展的理论基础。而牛顿的三大运动定律，则揭示了一切自然物理现象。

不仅是这两个理论，牛顿为物理光学、物理声学、数学的发展也做出了巨大的贡献。

牛顿读书的时候十分入迷，关于他的小故事可不少。有一次，他一边煮鸡蛋一边读书，等他揭开锅的时候，发现锅里煮着的竟然是自己的怀表。

牛顿请朋友吃饭，菜摆到餐桌后他突然想到一个问题的解题思路，于是立马进入书房研究，很久也不出来。朋友等得不耐烦了，便自己吃起来。朋友也开了一个玩笑，他顺便吃光了牛顿的那份儿，悄悄离开。牛顿从书房出来后，看到餐桌一片狼藉，自言自语道：“我还以为自己没吃饭，原来已经吃过了！”

在牛顿还是小孩子的时候，有一次，老师留了一项作业，要学生做一件比较有用的手工，牛顿做了一架漂亮的小风车。但是这个作业却没有得到老师的夸奖。原因是他的小风车只能观赏，不能动起来。牛顿很失落，却也激发出了学习的动力。他要弄清楚小风车的原理，让自己的小风车动起来。

有一天，牛顿坐在苹果树下被苹果砸中，他受“苹果落地”的启发，发现了万有引力定律。这虽然只是一个故事，但是“万有引力”的发现，促进了整个科学的发展。

所有的物体相互之间都会彼此吸引，这种物体间相互吸引的力被称为“万有引力”。“万有引力”一词中的“万”指的是所有物体，“有”则是“拥有”“存在”的意思。比如：地球与月球之间有引力，桌子和椅子之间有引力，我和你之间也有引力等。

什么是引力

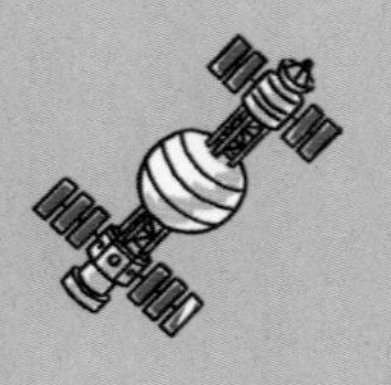

引力　　阅读日期　　年　　月　　日

在日常生活中，你有没有产生过这样的疑问：地球是圆的，为什么站在地球另一端的人不会掉下去？在太空中的宇航员，身上为什么要拴一根绳子连着空间站？月球为什么会绕着地球转？水为什么往低处流……

其实，这些疑问都可以用物理知识——引力来解答。

什么是引力？

任意两个物体间的与其质量乘积相关的吸引力，简称为引力。引力是自然界中最普遍的力。

引力就像爸爸的手臂拉着你，不让你“飞”出去。世界万物之间都存在引力，只不过这些“手臂”我们看不见而已。

现在很多人误以为地球围绕太阳旋转，太阳是不动的。事实上，太阳也有自转，整个太阳系中所有的星球都在呈螺旋状围绕着银河系运动。

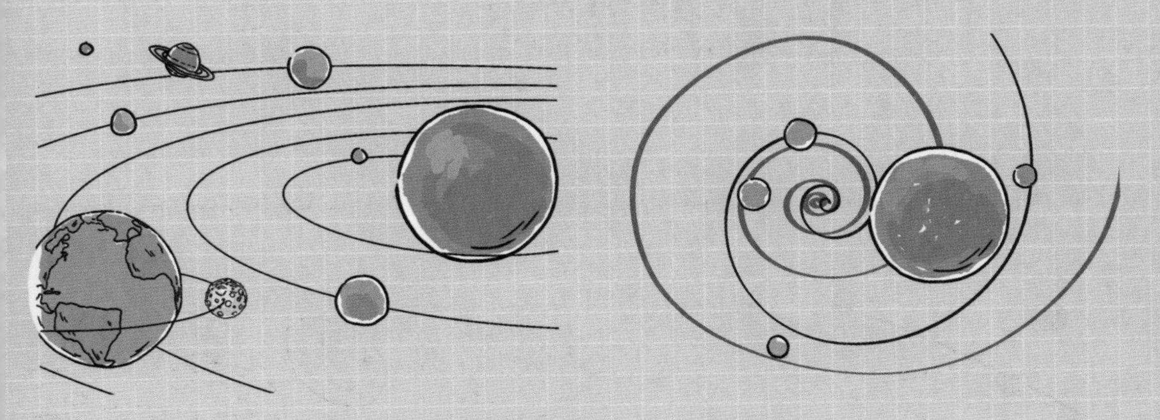

假如地球失去引力会怎样?

假如地球失去引力，那么地球表面上所有的物体都会像氢气球一样飘到天上。这里面可能有你的玩具、衣服、书，家里的桌子、凳子、电视机等。此外，地球上的大气也会消失。大气消失，就意味着我们呼吸所需的氧气没有了。没有了氧气，大部分动物都会死亡。

到时候，地球变成一个没有生命的“死亡星球”。

什么是黑洞

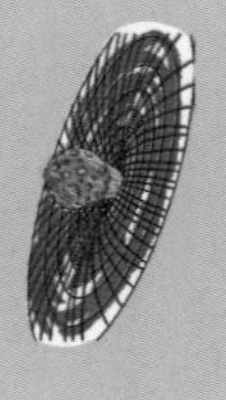

黑洞

阅读日期　　年　　月　　日

什么是黑洞？

黑洞是一种天体，它无法被我们直接观测，但我们能借助其他方式发现它的存在，并且观测到它对其他事物的影响。

黑洞的引力非常强，能吸引世界上一切东西，就连光线进到它的身体里都逃脱不出来！

黑洞是如何形成的？

科学家研究发现，恒星也和我们人类一样，要经历出生、成长、衰老和死亡的过程。恒星“活”着的时候，燃烧产生的向外推动力和引力产生的向内拉力抵消，恒星就是安全的。但是，恒星“死亡”后，没有什么可以阻止引力向内拉。于是，这颗恒星就坍塌了，变成黑洞。

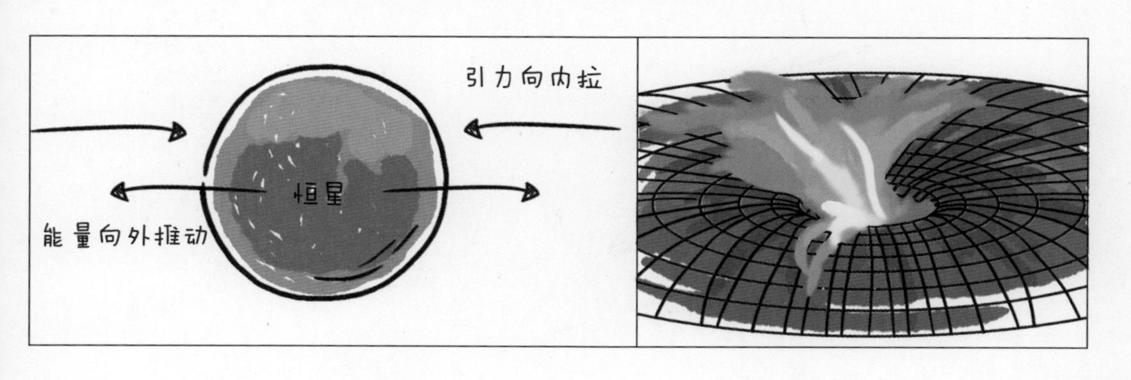

27 地球上的引力

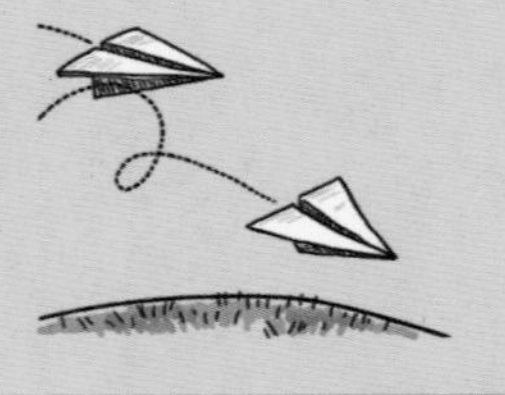

重力　　阅读日期　　年　月　日

地球上的物体由于地球的吸引而受到的力叫重力。比如，纸飞机飞一会儿掉下去，篮球落到地面，它们就是受到重力的影响。

重力的大小

我们在搬运不同的货物时，会有轻重不同的感觉，这说明不同物体的重力大小不同。通常，物体质量越大，重力越大。

重力的方向

用一根线拴住一个小石头，手提着，就像下面的图一样。不管我们上坡、下坡，还是走在平地上，小石头总是竖直向下的。由此可见，重力的方向是竖直向下的。

我想知道得更多

在我国的新疆，有一个怪坡，开车上坡的时候要踩刹车，下坡的时候反而要踩油门。像这样怪异的山坡世界上也有很多。人们纷纷给出猜测，认为是重力异常、磁场效应、UFO 作用等。其实，怪坡只是视觉误差，是我们的眼睛把高的地方看作低了。

不倒翁为什么推不倒

重心　　阅读日期　　年　月　日

瑜伽课上，单脚不能站立时老师一般会说，把重心放到单脚上。这里的重心，你知道是什么意思吗？

地球上的每一个物体都受到地球引力的影响，这个力叫作重力，每一个物体的每一部分也都受重力的影响，比如一个人的眼睛、鼻子、手和双脚，各部分所受的重力产生合力，合力的作用点就是重心。

不倒翁之所以推不倒，工人之所以把重物放在一车货物的下面，都与重心有关。

不倒翁的重心在底部。为了保证它的重心无论在什么时候都在底部，它的下半身通常是一个实心的半球体。

把一支笔放在手指上，慢慢调整两端的距离，我们会发现笔在手指上保持了平衡。那么，手指与笔接触的位置，就是这支笔的重心。

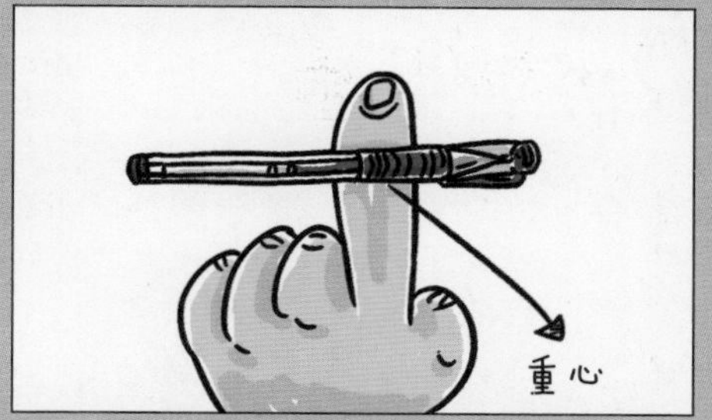

一般情况下，重心越低，物体越能保持平稳。这也是跑车的底盘为什么比普通轿车底盘低的原因之一。

如何知道物体的重心？

一个不规则的物体，怎样找到它的重心呢？我们可以采取悬挂法。看看下面的图，两条线的交叉点就是该物体的重心。

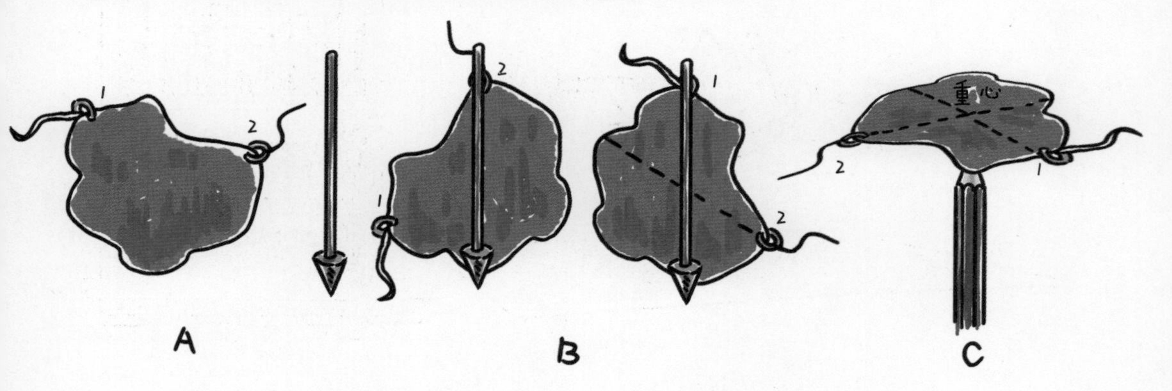

纸张裂了

压力和压强

阅读日期　　　　年　　月　　日

物理学上把垂直作用于物体表面的力叫作压力。

看看下面的图，钉子对墙产生了压力；扛水泥时，水泥会对人的肩膀产生压力；举杠铃健身时，杠铃会对健身的人产生压力；书架上的书会对书架产生压力……

什么是压强?

物体所受压力的大小与受力面积之比，叫压强。当压力一定时，物体的受力面积越小，压强越大。

在 a、b、c 三幅图中，铁块的大小和纸张的材质、厚薄等都是相同的，为什么 c 图中的纸张会断裂呢？原因就是 c 图中的纸张受力面积最小，所受压强最大。

当受力面积一定时，物体受到的压力越大，所受的压强越大。

在 a、d 两幅图中，纸张的受力面积是相等的，但是由于 d 图中的纸张上放了两个铁块，纸张所受压力变大，压强也随之增大，所以纸张断裂。

做一做，想一想

分别用一根粗铁棒和一根细针戳气球，观察气球的变化，你发现了什么？请说出其中的原理。

什么是大气压

大气压

阅读日期　　　　年　　月　　日

大气压，又称大气压强，是指大气对物体产生的压强。

正因为大气压的存在，我们才能使用吸管喝饮料，才能使用打气筒给车胎打气。

压水井是利用大气压强差取水。

压水井有一个活塞、阀门 A 和阀门 B 以及按压的把手。按压把手，活塞上行，阀门 A 打开、阀门 B 关闭，活塞下面的圆筒的气压小于大气压，于是低处的水受到大气压的作用推开阀门 B 进入圆筒。然后上抬把手，活塞下行，阀门 A 关闭、阀门 B 打开，水从阀门 B 冒出来。如此循环，当圆筒中的水满了，水就流出来了。

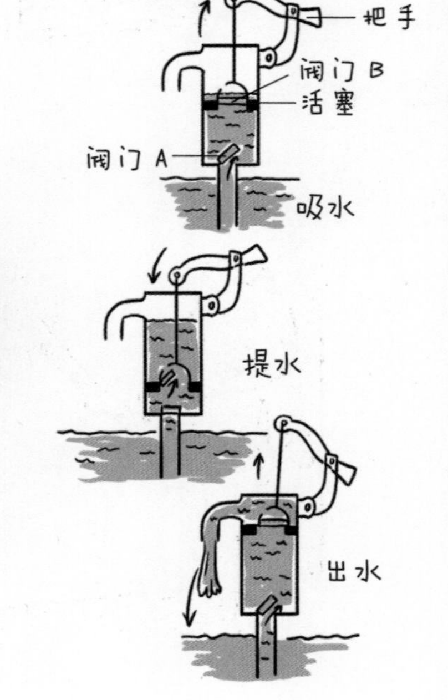

人们利用大气压设计出了很多实用性强的生活用品，吸盘挂钩就是其中之一。

吸盘挂钩的工作原理是：将吸盘用力按压到墙上，此时吸盘中的空气被压出，外部的气压高于吸盘内部气压，产生对墙的作用力，让吸盘牢牢粘在墙上。

小实验：会吞鸡蛋的瓶子

准备材料：
一个玻璃瓶（瓶口比鸡蛋略小），一个熟鸡蛋，一张纸和一个打火机。

第一步：将熟鸡蛋剥掉外壳，立在瓶口上，就像下面的第一个图一样。由于鸡蛋大于瓶口，所以不会掉入瓶内。

第二步：将鸡蛋拿开，用打火机点燃纸，然后迅速将烧着的纸扔进瓶子里（注意安全，最好在爸爸妈妈的陪同下操作）。

第三步：在纸燃烧的时候，再次将鸡蛋立在瓶口上。此时，我们会发现瓶子将鸡蛋“吞”进去了。

实验原理：纸在瓶内燃烧，消耗掉了瓶内的氧气，瓶内的气压就比瓶外的气压小，加上去了壳的熟鸡蛋有一定的弹性，在瓶外气压的挤压下，鸡蛋被压小，因此掉入瓶内。

大力士握鸡蛋

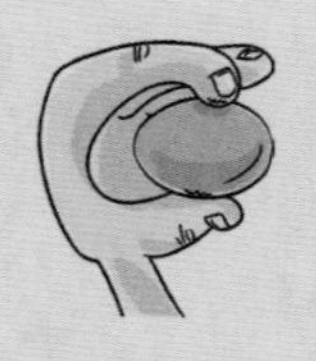

压强和受力面积

阅读日期 年 月 日

很久以前，有一个大力士很喜欢炫耀自己的力气大，如果有人质疑他，他就非要举起一个重物来证明自己。久而久之，街坊邻居对他很反感。

有一次，他遇见一位卖鸡蛋的老爷爷。老爷爷对他说："你的力气没我大。"大力士听了，很不服气，非要和老爷爷一比高下。老爷爷交给他一个鸡蛋说："你能一下把这个鸡蛋握碎，我就承认你的力气比我大。"

大力士听了，心想：握碎一个小小的鸡蛋有什么难的？于是，他接过鸡蛋握了起来。可是，无论他使出多大力气，鸡蛋都完好无损。然后，只见老爷爷拿出另一个鸡蛋，两根手指轻轻一捏，便把鸡蛋捏碎了。大力士目瞪口呆。

从此，大力士再也不向别人炫耀自己的力气有多大了。

其实，老爷爷的力气没有大力士的力气大，他之所以能获胜，是因为巧用了**压强与物体受力面积大小关系**的知识。大力士用手掌握鸡蛋，鸡蛋因为受力面积大，所受压强小，所以难被握碎。而老爷爷用手指捏鸡蛋，鸡蛋因为受力面积小，所受压强大，所以易被捏碎。

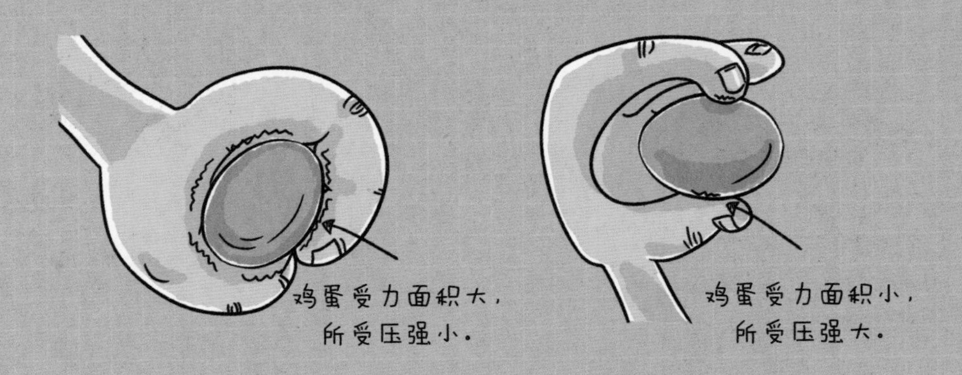

发生弹性形变的物体由于要恢复原状，会对和它接触的物体产生力的作用，这种力叫作弹力。

物体的弹力是它的特性，很多物体都有弹性，但是弹性的大小是不同的，有的物体弹性大，有的弹性小。

我们可以借助高弹性的物体完成很多高难度运动。比如，蹦极运动中的高弹性安全绳，跳水比赛里高弹性的跳板，弓箭上有弹性的弓弦，弹簧蹦床，弹弓的弹性绳等。

威力强大的抛石机

早在战国时期，中国就出现了抛石机。抛石机主要是把巨大的石头抛出，从而砸毁目标，在冷兵器时代，是非常重要的攻城兵器。而把石头抛出所需要的动力，就要依靠弓所产生的弹力了。

小实验：现在，我们来制作一个简易的抛石机吧！

准备材料：

1 个饮料瓶盖，2 个夹子，5 根雪糕棍，1 瓶胶水，一些黄豆。

1. 用胶水将 4 根雪糕棍粘成三角尺的形状，如图 1。

2. 用胶水将其中 1 个夹子的柄端分别与第 5 根雪糕棍和“三角尺”粘起来，如图 2、图 3。

3. 用另外一个夹子夹住“三角尺”，如图 4（注意，第 5 根雪糕棍的头部要确保能插入另外一个夹子的柄端）。

4. 用胶水在第 5 根雪糕棍的头部粘上饮料瓶盖，如图 5，一个简易的抛石机就算完成了。在瓶盖内放入黄豆“炮弹”尽情地玩吧！

图 1
图 2
图 3
图 4
图 5

为什么石头变轻了

浮力　　阅读日期　　年　　月　　日

浮力

气球为什么能飞上天空？木棍和轮船为什么能浮在水面上？鱼儿为什么可以一会儿游在水面一会儿游在水下？其实，这都是因为它们借助了浮力。

浸在液体或气体里的物体，会受到液体或气体向上托的力，这个力叫作浮力。

在水里搬石头会感觉比在水外轻松很多，这也是因为浮力的关系。石头受到的浮力有多大，就相应地减轻多少重量。

探究浮力的大小和哪些因素有关

鸡蛋在清水（淡水）中会下沉，在盐水中却浮了起来，这是因为盐水的密度比水的密度大。

由此可见，**浮力的大小和液体的密度有关。**

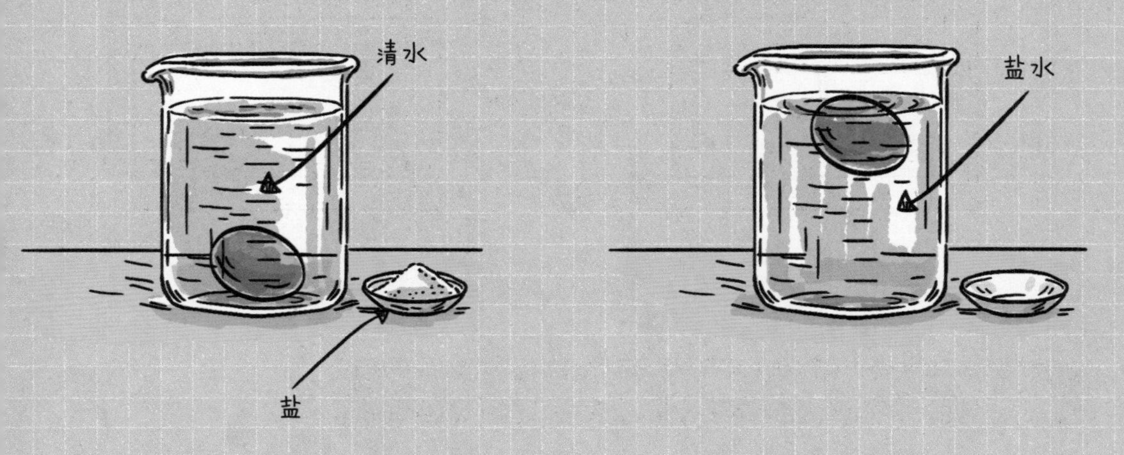

水没过脚，身体不会感受到水的浮力。但是当水没过腰部之后，身体明显感受到浮力的存在。

由此可见，**浮力的大小跟物体浸入水中的体积有关。**

小实验一：感受浮力

将泡沫板放入水中，用手掌或手指来回按压泡沫板，感受水对泡沫板的浮力。

准备材料：
一块泡沫板，一盆水。

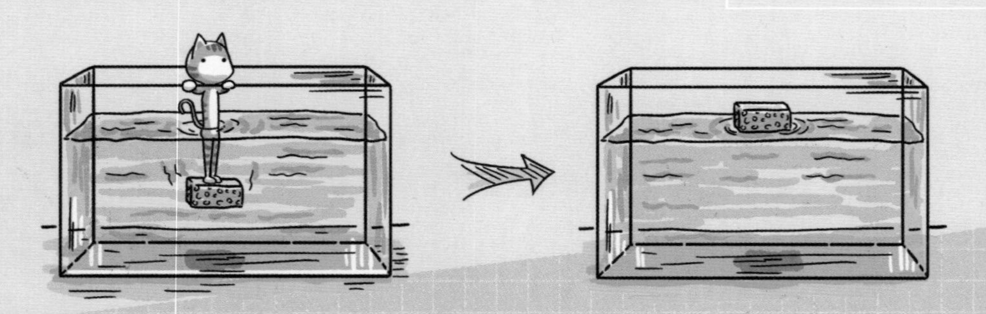

小实验二：如何让橡皮泥浮在水面上？

1. 将块状的橡皮泥放入水盆，观察橡皮泥的情况：沉入水中。

2. 将块状的橡皮泥捏成小船，再放入水盆，观察橡皮泥的情况：浮在水面上。

准备材料：
一块橡皮泥，一盆水。

结论：橡皮泥的密度比水大，因此实心的橡皮泥沉入水中。但把橡皮泥捏成小船的形状，其实是增大了橡皮泥的体积，导致所受浮力变大，因此能浮在水面上。

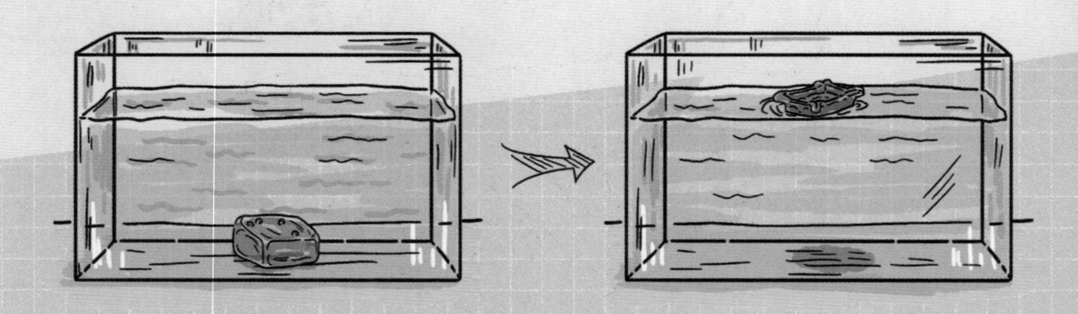

小实验三：水中浮不起来的乒乓球

看看下面的图，在没有瓶盖的半截矿泉水瓶中放入乒乓球并倒入适量的水。我们看到乒乓球停留在瓶口，并没有浮起来。如果将瓶口放进水中，乒乓球又能浮起来了。这是什么原理呢？

准备材料：

半截矿泉水瓶、一个乒乓球、一杯水。

其实，浮力产生的原因是，浸没在液体中的物体，其上、下表面受到液体对它的压力不同。下表面的压力大于上表面，因此浮力产生。在本实验中，图 1 的乒乓球下表面没有水，水也就没有对乒乓球产生向上的压力，所以乒乓球被水压在底部。图 3 时，乒乓球下部有水，浮力产生，球于是漂浮起来。

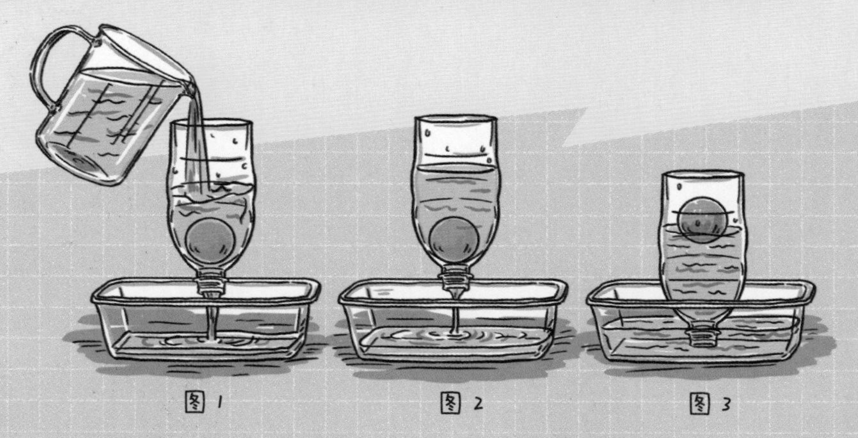

图 1　　图 2　　图 3

死海

在巴勒斯坦、以色列、约旦三个国家的交界处，有一片水域叫死海。

在这里，即使是不会游泳的人也能轻松浮在水面。这是因为死海的海水含有高浓度的盐分，是一般海水的 8 倍以上，产生的浮力很大。

阿基米德的故事

浮力的应用

阅读日期　　年　月　日

传说，在距今2000多年前的古希腊，有一个叫叙拉古的国家。有一天，国王将一个金块交给一名工匠，命他打造出精美绝伦的黄金王冠。

王冠做好了，可是却有很多流言蜚语传到国王的耳朵里。传言说，工匠在制造王冠的过程中往黄金中混入了银子，并私藏了被换下来的黄金。国王大怒，请出了当时德高望重的阿基米德来调查此事。

阿基米德冥思苦想几天，吃饭想、睡觉想，就连洗澡都在想。他看到澡盆里溢出的水，灵光突然一闪，大喊：“我知道了！”

阿基米德知道了什么呢？只见他将王冠沉入装满水的容器，这样溢出来的水的体积就等于王冠的体积了。再将制作王冠相同质量的纯金块用相同的方法测出溢出水的体积，两者进行对比，不就知道王冠有没有作假了吗？最终，阿基米德鉴定出工匠确实混入了银子。工匠也得到了应有的惩罚。

有益还是有害

摩擦力

阅读日期 年 月 日

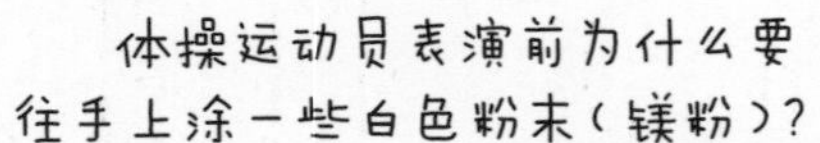

原来，这些都与摩擦力有关。

在物理学中，阻碍物体相对运动或相对运动趋势的力被称为摩擦力。

摩擦力分为静摩擦力、滚动摩擦力和滑动摩擦力三大类。

手握着瓶子产生静摩擦力；擦黑板的时候黑板擦与黑板产生滑动摩擦力；汽车在行驶过程中轮胎与路面之间产生滚动摩擦力。

探究摩擦力的大小与哪些因素有关

看看下面的图，推同样大小、质量的箱子，a 图中的小猫很吃力，b 图中的小猫却很轻松。我们知道，玻璃面一般比沥青路面光滑。由此可见，**摩擦力的大小与接触面的粗糙程度有关。**通常，接触面越粗糙，摩擦力越大。

此外，**摩擦力的大小还与压力的大小有关。**

同样的接触面，为什么 c 图中的小猫要比 d 图中的小猫看起来费力呢？那是因为两个箱子和地面之间的摩擦力要大于一个箱子的摩擦力。

有益摩擦

有摩擦力的存在，我们走在路上可以不滑倒；吃饭时，握得住筷子；能爬树；汽车也能安全行驶……生活中还有很多摩擦力带来的帮助，都是有益摩擦。

有害摩擦

但是，摩擦力也为我们的生活带来了各种小麻烦。机器的运转部件产生摩擦，会造成机器的耗损；很重的物体，因为摩擦力的存在，需要我们耗费更多的力气……这样的摩擦力是有害摩擦。

小实验一：难舍难分的书

准备材料：
两本书。

1. 将两本书的书页交错叠加（越多越好）。

2. 用力拉两本书，发现它们很难分开。

实验原理： 两本书的书页交错叠加后，相互间的摩擦面增多、摩擦力增大，所以很难被分开。

小实验二：喜爱光滑路面的小汽车

准备材料：
一辆玩具小汽车，一块有斜面的木块，一块毛巾，一块玻璃，一块木板（可以根据自己的兴趣，给小汽车安排三个不同粗糙程度的路面）。

同一个小汽车，坡度相同，滑行物体的表面不同。小汽车在玻璃表面滑行的距离最远，在毛巾表面滑行的距离最短。由此可见，物体的表面越光滑，摩擦力越小。

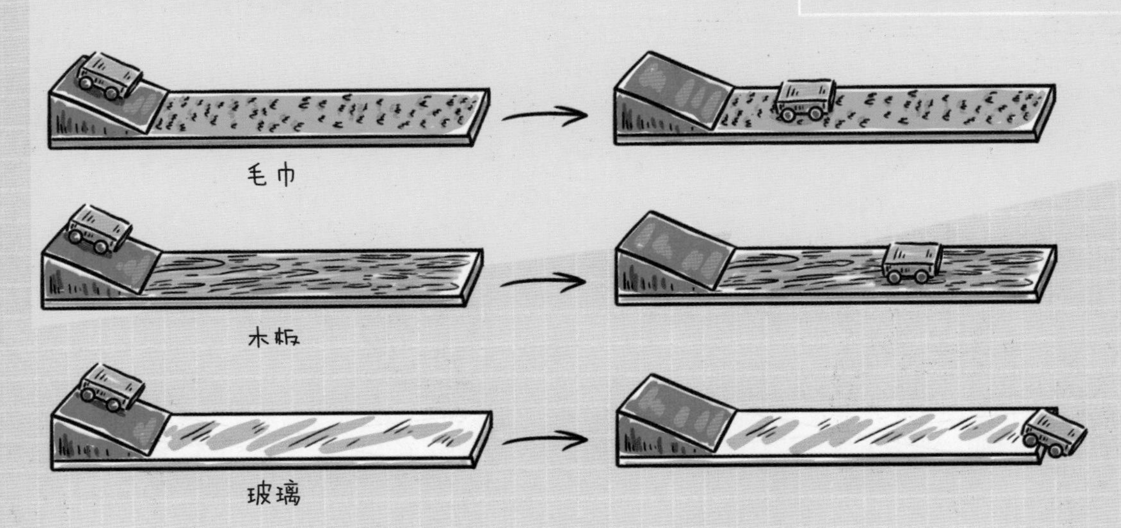

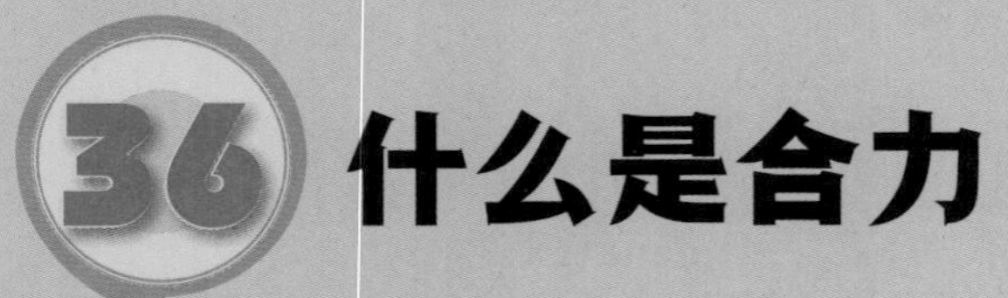

36 什么是合力

合力　　阅读日期　　年　　月　　日

什么是合力？

几个力共同作用在一个物体上时，如果它们的作用效果可以用一个力来代替，这个力就称为那几个力的合力。

在上面的故事里，两个力共同作用在一个物体上时，它们的作用效果可以用一个力来代替，这个力就称为那两个力的合力。

赛龙舟是我国端午节的习俗之一。比赛时，所有船员会给船一个推力，然而这个推力如果能用发动机来代替，那我们就说发动机的力是所有船员的合力。

37 飞机和火箭的飞行原理

升力和反推力

阅读日期　　年　月　日

飞机能够飞行，靠的主要是机翼和发动机。发动机产生能让飞机在跑道上前进的推力，而机翼能够在飞行过程中为飞机提供上升动力。

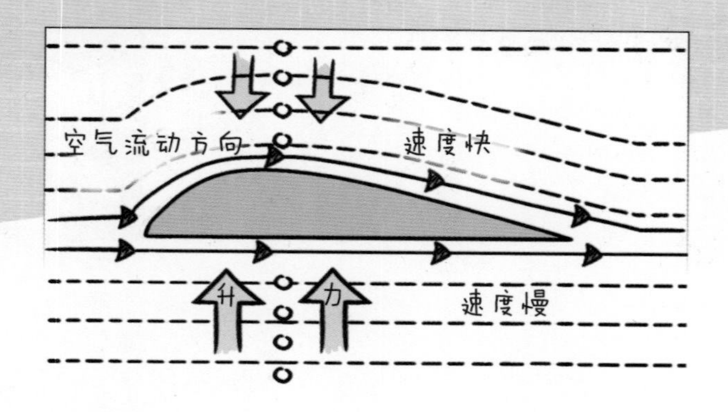

飞机的机翼通常是上凸下平的形状。飞机在向前跑的时候，机翼上侧的空气比下侧的空气流动得快，这时机翼上侧的气压就小于下侧，使飞机产生向上的升力。

当飞机在跑道上跑到一定速度时，这个升力就大到足够把飞机托起来。这样，飞机可以起飞了。

日常生活中，我们经常遇到或看到这类现象：气球口没扎紧，一不小心气球倒飞了出去；汽车发动时，排气筒总是把地面的尘土吹起来。这些现象都和反推力有关。

科学家在研究火箭升空时，就是利用了反推力。

火箭在飞行时，燃料在燃烧室中燃烧，背对飞行方向不断喷出强大的气流，使火箭获得很大的反推力，从而拥有超快的前进速度。

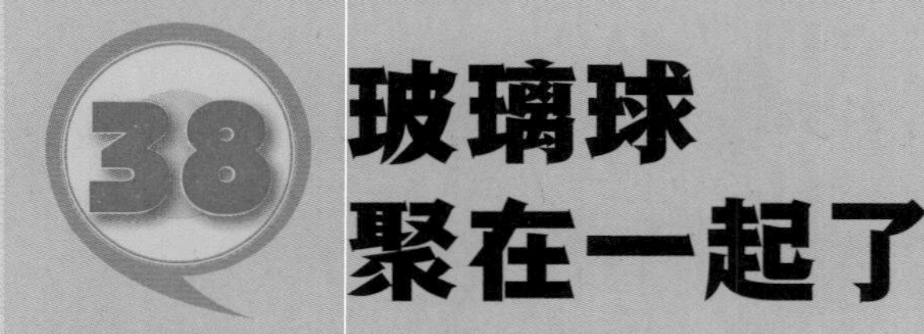

38 玻璃球聚在一起了

向心力和离心力

阅读日期　　年　月　日

一个转速箱装置，箱内装有液体。现在让转速箱飞速转起来！

瞧，液体沿着转速箱的边缘也旋转起来了！

将三个玻璃球丢入碗中，会看到它们都聚集在碗底。现在转动碗……

瞧，三个玻璃球沿着碗的边缘转起来了！

什么是向心力？

科学家对旋转起来的液体和玻璃球等研究，发现做圆周运动的物体受到了指向圆心的合力，就把这个合力叫作向心力。

什么是离心力？

和向心力相反的力就是离心力。离心力是一种虚拟的力，它可以使物体远离它的旋转中心。

手上拿着一根细绳，绳的另一端拴着一个小球。当小球转圈的时候，如果不是手一直拽着，小球和绳早就飞了出去，手拉的这个力就是向心力。

与此同时，手感到小球在挣脱着向外跑，这个力是向外的，就是离心力。

向心力与离心力是分不开的，没有向心力也就没有离心力。

向心力和离心力现象及其应用

高速公路的弯道设计成倾斜的；转动雨伞，伞上的雨水可以飞出去；运动员转动铅球时，可以感受到铅球挣脱手的力；洗衣机之所以能把衣服甩干等，都与向心力和离心力有关。

物理名词对照表

B

标准大气压 /13

由于大气压强不是固定不变的，人们把101 kPa规定为标准大气压强。

玻色－爱因斯坦凝聚态 /41

在极低的温度下，物质的原子都进入同一最低能量的量子态中而形成的特殊物质状态。

C

超导体 /15

在温度和磁场都小于一定数值的条件下，导电材料的电阻和体内磁感应强度都突然变为零的性质。

超固态 /41

当物质处于140万左右大气压下，物质的原子就可能被“压碎”。电子全部被“挤出”原子，形成电子气体，裸露的原子核紧密地排列，物质密度极大，这就是超固态。

传统长度单位 /32

我国古代常用的长度单位。

纯净物 /11

纯净物是指由一种单质或一种化合物组成的物质，组成固定，有固定的物理性质和化学性质的物质，有专门的化学符号，能用一个化学式表示。

D

导体 /14

具有大量能够在外电场作用下自由移动的带电粒子，因而能很好地传导电流的物体。

等离子态 /41

气体电离后，形成的大量正离子和等量负电子组成的一种聚集态。

E

二维空间 /34

是指仅由宽度和高度两个要素组成的平面空间。

F

非晶体 /12

固体在熔化过程中，只要不断地吸热，温度就不断地上升，没有固定的熔化温度，例如蜡、松香、玻璃，这类固体叫作非晶体。

分子 /7

物质中能够独立存在并保持该物质所有化学特性的最小微粒，由原子组成。

分子的运动 /7

微观粒子（如分子）总是在不断运动着。

浮力 /78

浸在液体中的物体受到向上的力，这个力叫作浮力。

G

干冰 /47

固态的二氧化碳。

高分子材料 /37

以高分子化合物为基础制得的材料。

固态 /40

物质的固体状态，是物质存在的一种形态。

滚动摩擦力 /85
一物体在另一物体上发生滚动或有滚动趋势时受到的阻碍作用。

国际长度单位 /33
1960 年第 11 届国际计量大会通过的长度单位是米，其定义是：光在真空中于 1/299 792 458 秒内行进的距离。

H

合力 /88
如果若干个力（或连续分布的力）同时作用于一个物体，它们对物体产生的效果与另外一个力单独作用时相同，则称这个力为那若干个力的合力。

黑洞 /64
广义相对论预言的一类天体。

滑动摩擦力 /85
两个互相接触的物体，当它们相对滑动时，在接触面上会产生一种阻碍相对运动的力，这种力叫作滑动摩擦力。

化学变化 /54
生成其他物质的变化叫作化学变化。

混合物 /10
没有一定比例而掺和在一起的多种物质的集合体。

J

记忆合金 /36
形状记忆合金是具有形状记忆效应的合金。

晶体 /12
在熔化过程中尽管不断吸热，温度却保持不变，有固定的熔化温度。例如冰、海波，这类固体叫作晶体。

静摩擦力 /85
当物体间有相对滑动的趋势但尚无相对滑动时，作用在物体上的摩擦力称静摩擦力。

绝对零度 /21
热力学理论所断言的自然界中最低的极限温度。绝对零度不可能达到，但可以设法尽量接近。是热力学温标的零度，摄氏温标的 −273.15 ℃。

绝缘体 /15
具有良好的电绝缘性或热绝缘性的物体。实用上常取空气、木、棉、毛等用作不导热的材料，而玻璃、电木、橡胶、石蜡、塑料等用作不导电的材料。

L

离心力 /92
在动坐标系为非惯性系且相对于定坐标系作转动时，任一质点受到的牵连惯性力中相应于该点牵连法向加速度矢量的分量。其方向与该加速度矢量方向相反，背离曲率圆中心。

M

密度 /24
某种物质组成的物体的质量与它的体积之比叫作这种物质的密度。

摩擦力 /84
相互接触的两物体，在接触面上发生的阻碍两者相对滑动或相对滑动趋势的力。

N

凝固 /42
物质从液态变成固态的过程叫作凝固。

凝固点 /13
液态凝固形成晶体时也有确定的温度，这个温度叫作凝固点。

凝华 /43
物质从气态直接变成固态的过程叫作凝华。

Q

汽化 /43
物质从液态变为气态的过程叫作汽化。

气态 /40
物质的气体状态，是物质存在的一种形态。

R

人工降雨 /47
用人工促使尚未达到降雨阶段的云层降雨。

熔点 /13
晶体熔化时的温度叫作熔点。

熔化 /42
物质从固态变成液态的过程叫作熔化。

S

三维空间 /34
点的位置由三个坐标决定的空间。客观存在的现实空间就是三维空间，具有长、宽、高三种度量。

升华 /43
物质从固态直接变为气态的过程叫作升华。

石墨烯 /19
从石墨中分离出的单层石墨片。

塑性 /17
指材料或物体受力时，当应力超过屈服极限后，能产生显著的变形而不立刻断裂的性质。

T

弹力 /76
物体由于发生弹性形变而产生的力叫作弹力。

弹性 /16
材料或物体在外力作用下产生变形，若除去外力后变形随即消失并且物体恢复原状的性质。

弹性形变 /76
物体在发生形变后，如果撤去作用力能够恢复原状，这种形变叫作弹性形变。

体积 /34
物体所占空间的大小。

W

万有引力 /58
宇宙间的物体，大到天体，小到尘埃，都存在互相吸引的力，这就是万有引力。

温标 /21
如果要定量地描述温度，就必须有一套度量标准，这套度量标准就是温标。

温度 /20
物体的冷热程度叫作温度。

物理变化 /52
没有生成其他物质的变化叫作物理变化。

物态变化 /42
固态、液态和气态是物质常见的三种状态。在一定条件下，物质会在各种状态之间变化。

物体 /5
由物质构成的、占有一定空间的个体。

物质 /4
不依赖于意识而又能为人的意识所反映的客观实在。

物质三态 /40
固态、液态和气态是物质常见的三种状态。

X

向心力 /92
做匀速圆周运动的物体所受的合力总指向圆心，这个指向圆心的力就叫作向心力。

形状 /18
物体或图形由外部的面或线条组合而呈现的外表。

Y

压力 /70
物体所承受的与表面垂直的作用力。

压强 /71
物体所受压力的大小与受力面积之比叫作压强。

液化 /43
物质从气态变为液态的过程叫作液化。

液态 /40
物质的液体状态，是物质存在的一种形态。

一维空间 /34
一维空间是指只由一条线内的点所组成的空间，它只有长度，没有宽度和高度，只能向两边无限延展。

引力 /62
宇宙物质之间普遍存在的相互吸引力。使宇宙中所有物质相互制约以构成一个统一体，并制约物质之间的相互力学行为。

硬度 /19
固体对磨损和外力所能引起的形变的抵抗能力的大小。

有害摩擦 /86
产生摩擦时对摩擦一方进行磨损并是不利磨损时，称为有害摩擦。如粉笔与黑板摩擦，粉笔磨损。

有益摩擦 /86
对人类有益的摩擦，如握住东西时的静摩擦，走路时对地面的摩擦等。

原子 /7
在化学变化中，原子不能再分，它是化学变化的最小粒子。

Z

蒸发 /43
在任何温度下都能发生的汽化现象叫作蒸发。

质量 /28
物体所含物质的多少叫作质量。

重力 /66
由于地球的吸引而使物体受到的力叫作重力，用字母 G 表示。

重心 /68
地球吸引物体的每一部分。但是，对于整个物体，重力的作用的表现就好像它作用在某一点上，这个点叫作物体的重心。